Lune

Una sera, dopo cena a casa mia, Giulio Confalonieri prese in mano queste fotografie e rimase a lungo in silenzio.
Dopo, semplicemente, e con un tono basso della voce, disse che non aveva mai visto niente di simile e che queste foto della Luna meritavano di essere esposte presso la più importante galleria di fotografia dell'epoca: "Il Diaframma" di Lanfranco Colombo. E così fu.
Il successo fu tale che ben presto iniziò tra di noi un minuetto circa la possibilità di realizzare un libro insieme.
Giulio si divertiva a comporre sempre nuove soluzioni e me le sottoponeva. Forse l'obiettivo era quello di osservare le mie reazioni, perché subito dopo distruggeva tutto e ricominciava da capo.

Era diventato il nostro gioco, fissavamo nuovi appuntamenti per proseguire il lavoro sul libro ma poi, quando ci incontravamo parlavamo di filosofia, di India, di design e soprattutto di donne, e il menabò rimaneva sul tavolo in bella vista. Finalmente, dopo anni, la soluzione! (Forse Giulio era affaticato e il gioco lo stremava ancora di più).
La grafica e la fotografia non avrebbero dovuto interferire l'una con l'altra.
Anche questo era "un pas de deux": ogni pagina di grafica introduceva una pagina di fotografia e dopo ogni fotografia appariva una pagina di grande impatto grafico. La sorpresa grande, il ritmo incalzante.
Questo è il motivo della grande "E"(congiunzione) in copertina: indica il profondo piacere dello stare insieme a parlare, fare e disfare, rifare e parlare.

Alcune foto sono state esposte al Guggenheim di Venezia e alcune sono cadute per caso sulla scrivania di un'entusiasta e caparbia editor: Marina Forlizzi.
Un ringraziamento speciale va quindi alla casa editrice Springer-Verlag Italia che proprio in occasione dell'Anno Internazionale dell'Astronomia ha reso possibile la realizzazione di questo nostro progetto.

Edoardo Romagnoli. Febbraio 2009

"Gentleman e ribelle, provocatore garbato, elegante e intollerante, un condensato di ironia e di immaginazione imprevedibile, disarmante, abile e innocente". Così Leonardo Sinisgalli, il poeta ingegnere (o ingegnere poeta?) descrive Giulio Confalonieri, il maestro di design scomparso un anno fa che pensò e realizzò su carta il libro (libro?), diciamo meglio l'oggetto d'arte che avete tra le mani.
Le parole scelte da Sinisgalli per tracciare il profilo di Confalonieri formano ossimori sghembi. Elegante non è l'opposto di intollerante, e tuttavia le due parole hanno un attrito che spiazza, come "provocatore garbato" o "gentleman e ribelle". È indizio di quanto fosse inafferrabile il genio di Confalonieri, un uomo che fu Cintura Nera di Karate e campione di ballo nello stile "esitation", violinista diplomato al Conservatorio e Governatore del Club di Topolino.
Un uomo che poteva pranzare con Borges e, sempre a tavola, decidere con l'avvocato Agnelli come realizzare la sezione visuale di "Italia 61", la mostra nazionale per il centenario dell'unità d'Italia.

In una grafica severa, questo libro-oggetto d'arte raccoglie fotografie di Edoardo Romagnoli, che in Confalonieri ebbe un maestro di estetica e di vita. L'inflessibile scansione di bianco e di nero è cornice a immagini della Luna abilmente mosse fino a generare forme pure. La Luna, che l'uomo raggiunse per la prima volta il 21 luglio del 1969, grande vittoria dell'Intelligenza e forse, come qualcuno disse, ancor più grande sconfitta della Ragione, qui diventa un pretesto. Romagnoli che come dice Roberto Mutti "rifugge dalla ripetizione e si fa semmai guidare dalle idee che lo attraversano", non rappresenta la Luna ma la evoca, vi allude e va oltre per accompagnare lo sguardo in un gioco di luci di ombre, chiaro e scuro, presenza e assenza, vita e morte.

Ambivalenze che per millenni la Luna ha rappresentato nella cultura popolare e in quella elitaria, nelle credenze più ingenue e nei primi tentativi di conoscenza scientifica.
Come nell'altalena delle maree, la Luna attrae e respinge Romagnoli ormai da molti anni. Del 1991 è la sua mostra personale "E sempre... solo luna" (Diaframma Kodak Cultura, Milano), del 1992 "La Luna", al Planetario Hoepli di Milano, del 2005 la partecipazione alla collettiva "I maestri della fotografia" al Guggenheim di Venezia, e ancora oggi quella luce variabile nel cielo lo ispira.
Lasciando da parte gli scatti che dobbiamo alle sonde spaziali, fin troppo spudoratamente ravvicinati, anche gli astronomi continuano a fotografare la Luna. Tra le immagini recenti, una merita un cenno perché sta al confine tra scienza e arte.
Sulla Luna era un tardo pomeriggio, e poiché lassù il giorno dura due settimane, il pomeriggio sembra non finire mai. Sulla Terra, in Cile, invece era quasi mattina, e precisamente la mattina del 30 aprile 2002. Dalla vetta andina di Paranal, uno dei quattro specchi da 8 metri del Very Large Telescope inquadrò la regione lunare dove c'è il cratere chiamato Taruntius.

Di solito i grandi telescopi non si sprecano per guardare la Luna ma in quel caso si voleva mettere alla prova una nuova camera fotografica elettronica capace di compensare la turbolenza dell'aria e quindi di ottenere immagini nitidissime.
La fotografia del tramonto su Taruntius è un documento eccezionale. La luce radente del Sole proietta ombre lunghe e taglienti, condizione ideale per distinguere particolari minimi. Accanto al cratere si vede un solco sottile. Fatte le misure, risulta largo 130 metri. Un singolo pixel della camera elettronica corrisponde a 50 metri. Le dimensioni di una casa. Rimanendo ancorati alla Terra, è questo, oggi, il limite estremo a cui può spingersi lo sguardo dell'uomo quando si rivolge alla Luna. Solo la creatività di un artista riesce a fare di più.

Piero Bianucci. Luci, ombre

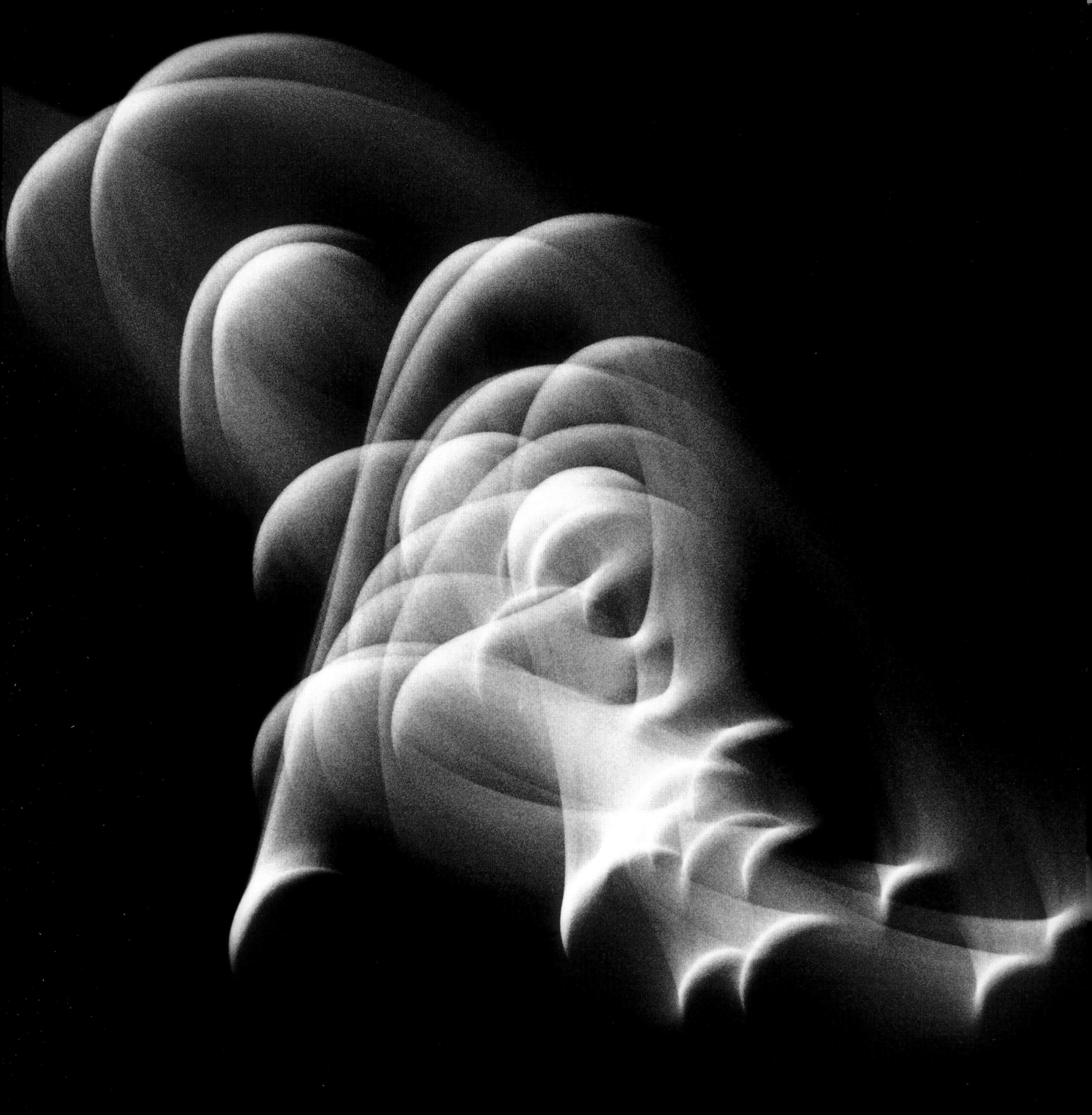

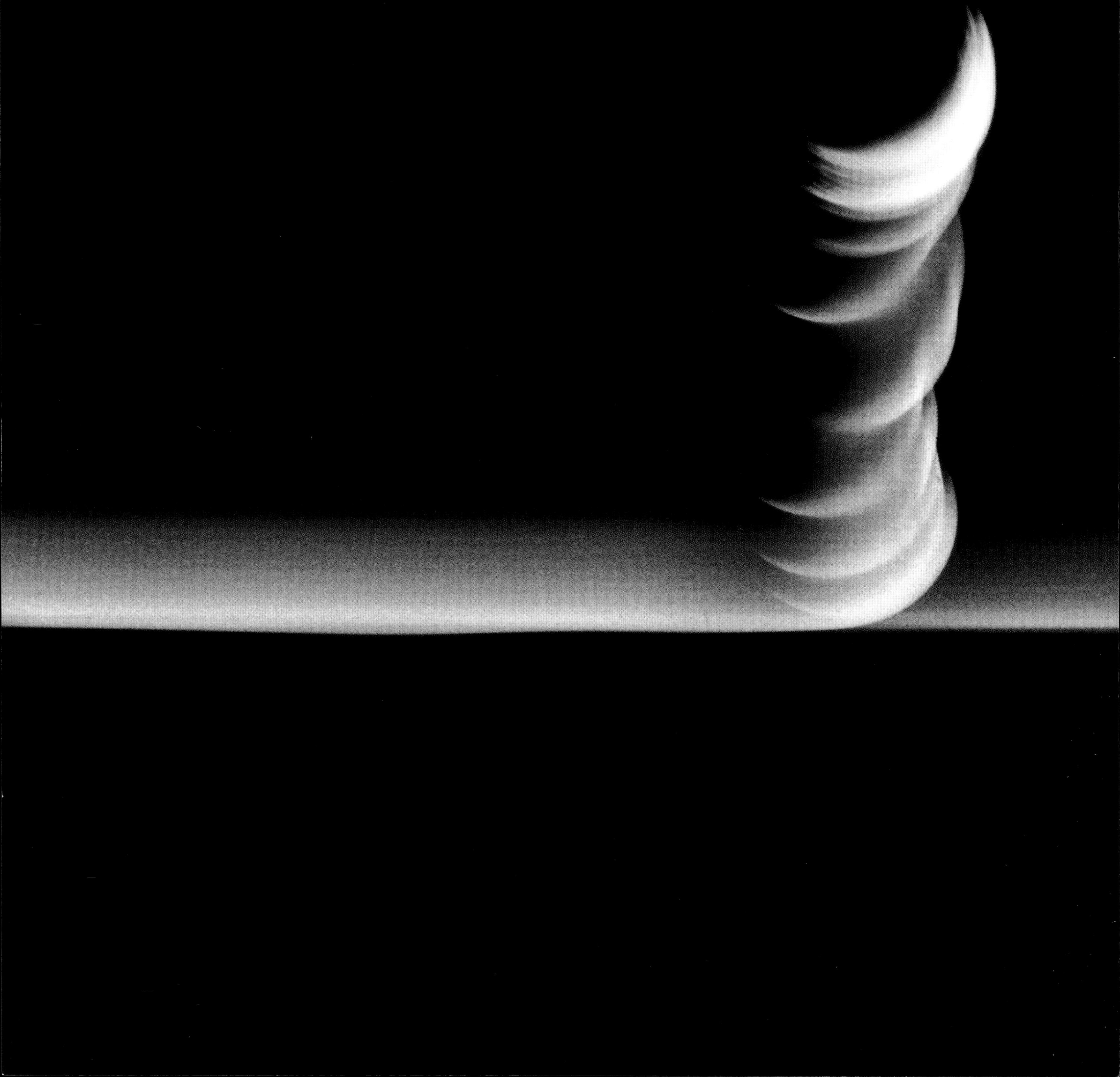

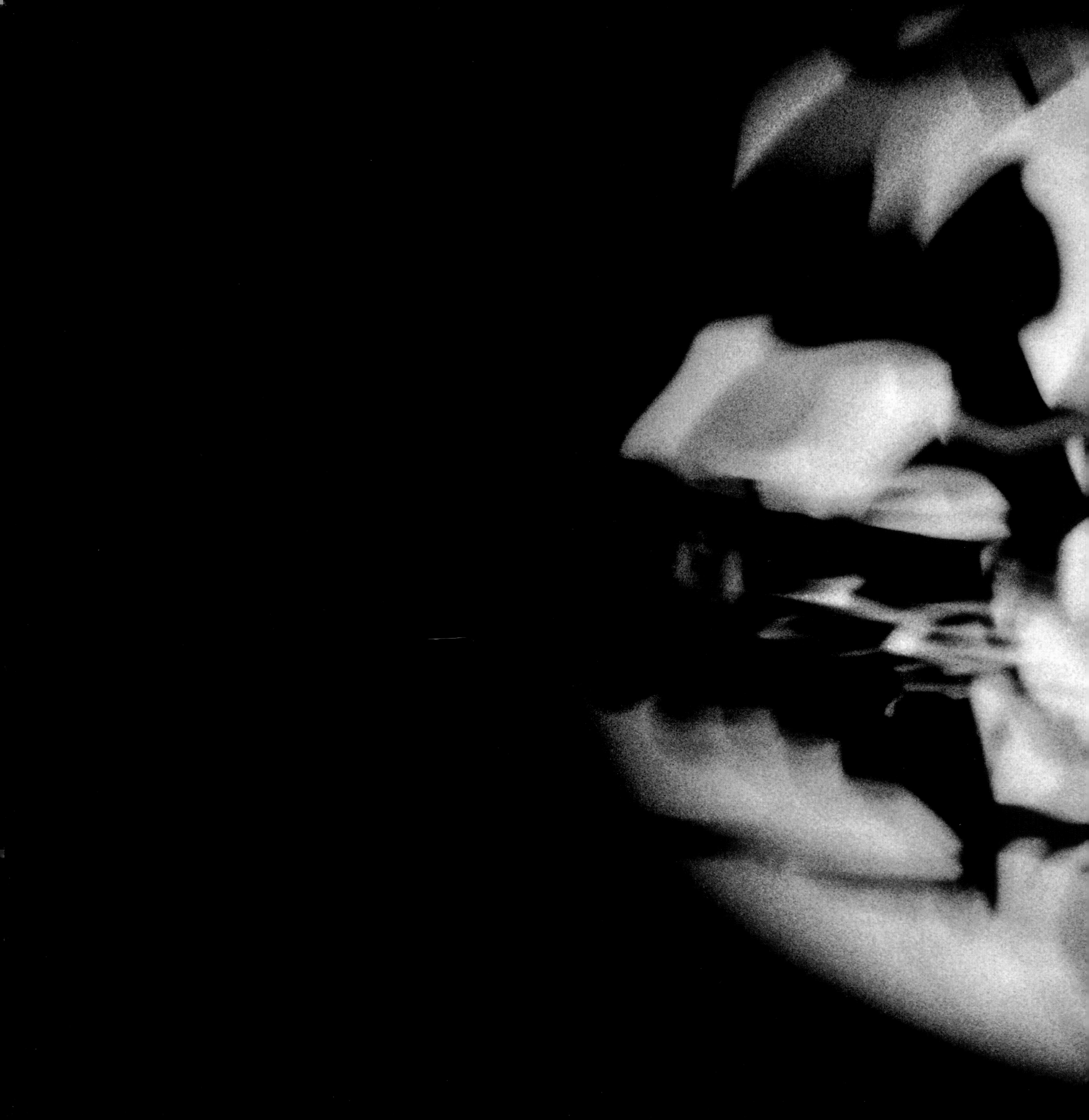

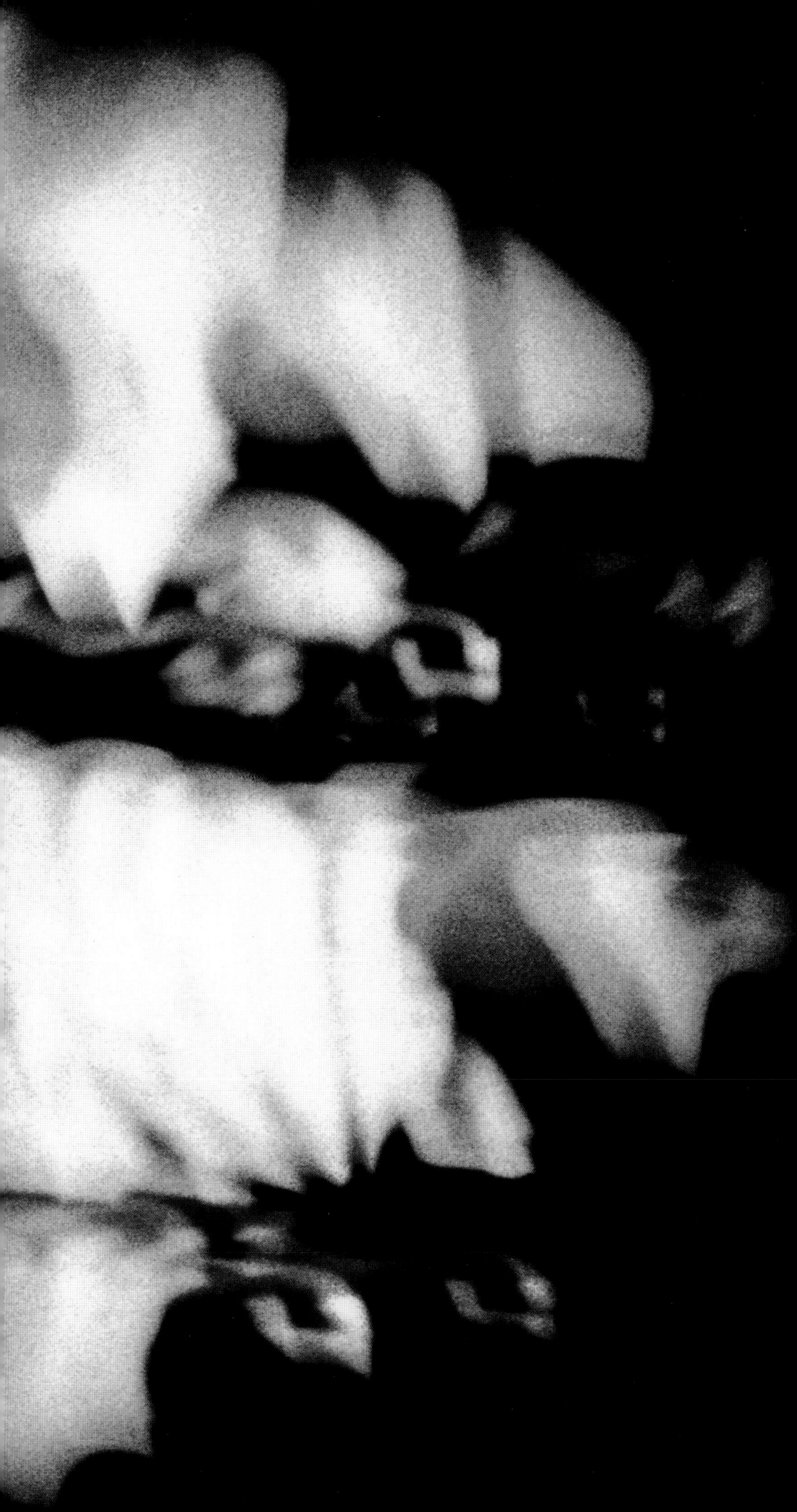

Chi ama la luna davvero non si accontenta di contemplarla come un'immagine convenzionale, vuole entrare in un rapporto più stretto con lei, vuole vedere di più nella luna, vuole che la luna dica di più. Il più grande scrittore della letteratura italiana di ogni secolo, Galileo, appena si mette a parlare della luna innalza la sua prosa ad un grado di precisione e di evidenza ed insieme di rarefazione lirica prodigiose. E la lingua di Galileo fu uno dei modelli della lingua di Leopardi, gran poeta lunare...

Da una lettera di Italo Calvino ad Anna Maria Ortese (24 dicembre 1967)

L

Dal Dialogo della Terra e della Luna di Giacomo Leopardi (24-28 aprile 1824)

Terra. Almeno mi saprai tu dire se costì sono in uso i vizi, i misfatti, gl'infortuni, i dolori, la vecchiezza, in conclusione i mali? intendi tu questi nomi? Luna. Oh cotesti sì che gl'intendo; e non solo i nomi, ma le cose significate, le conosco a maraviglia: perché ne sono tutta piena, in vece di quelle altre che tu credevi.

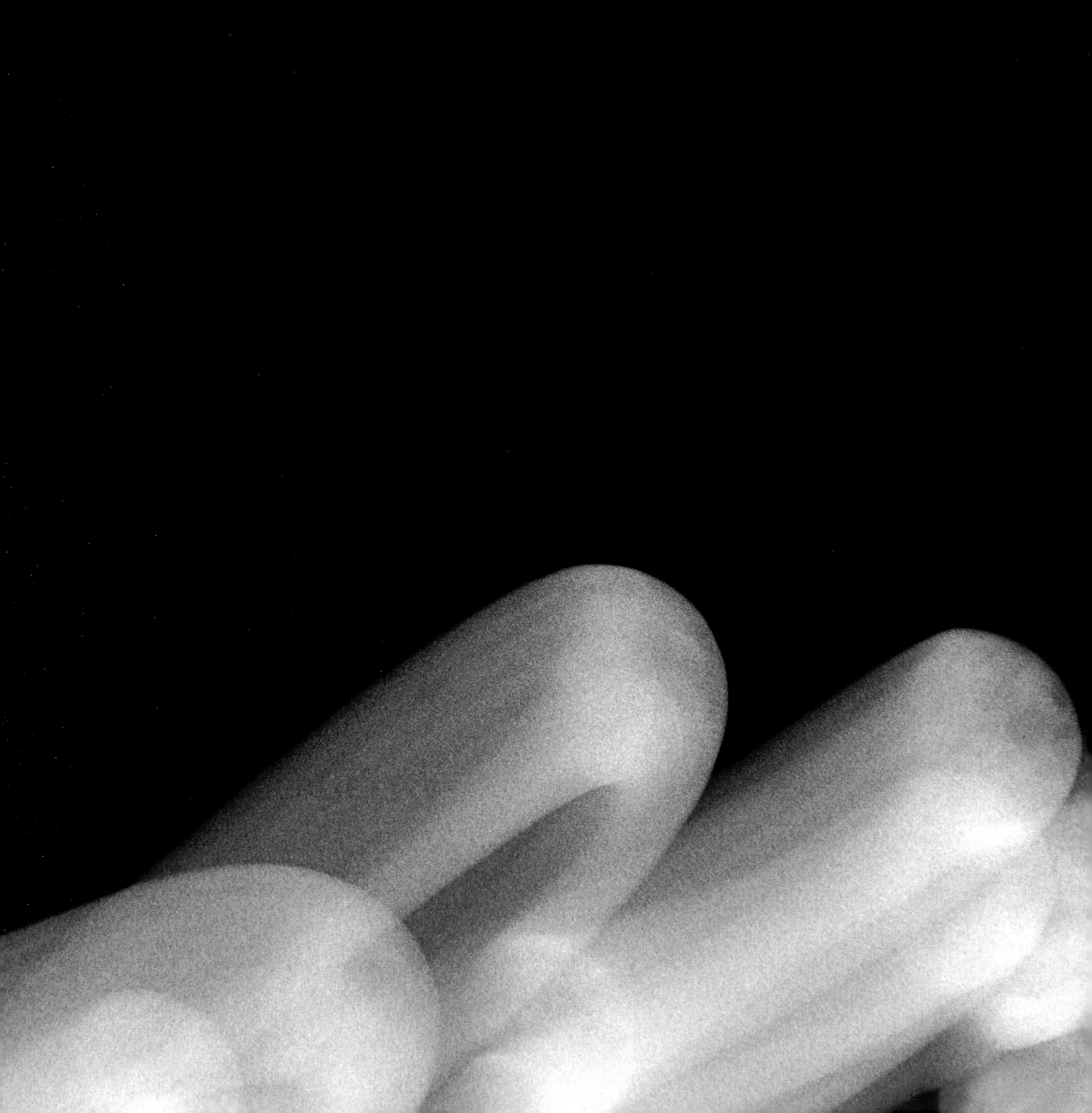

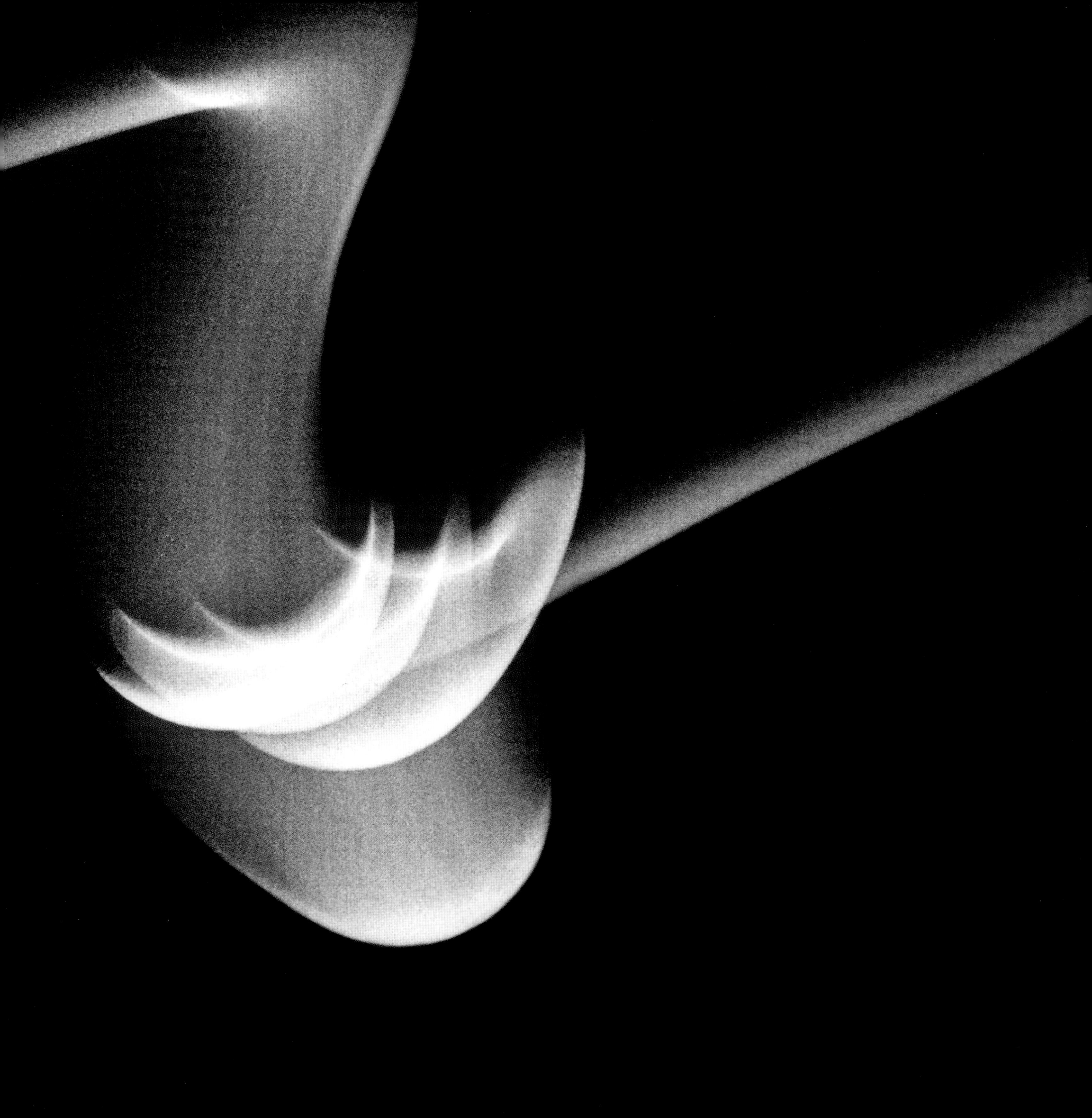

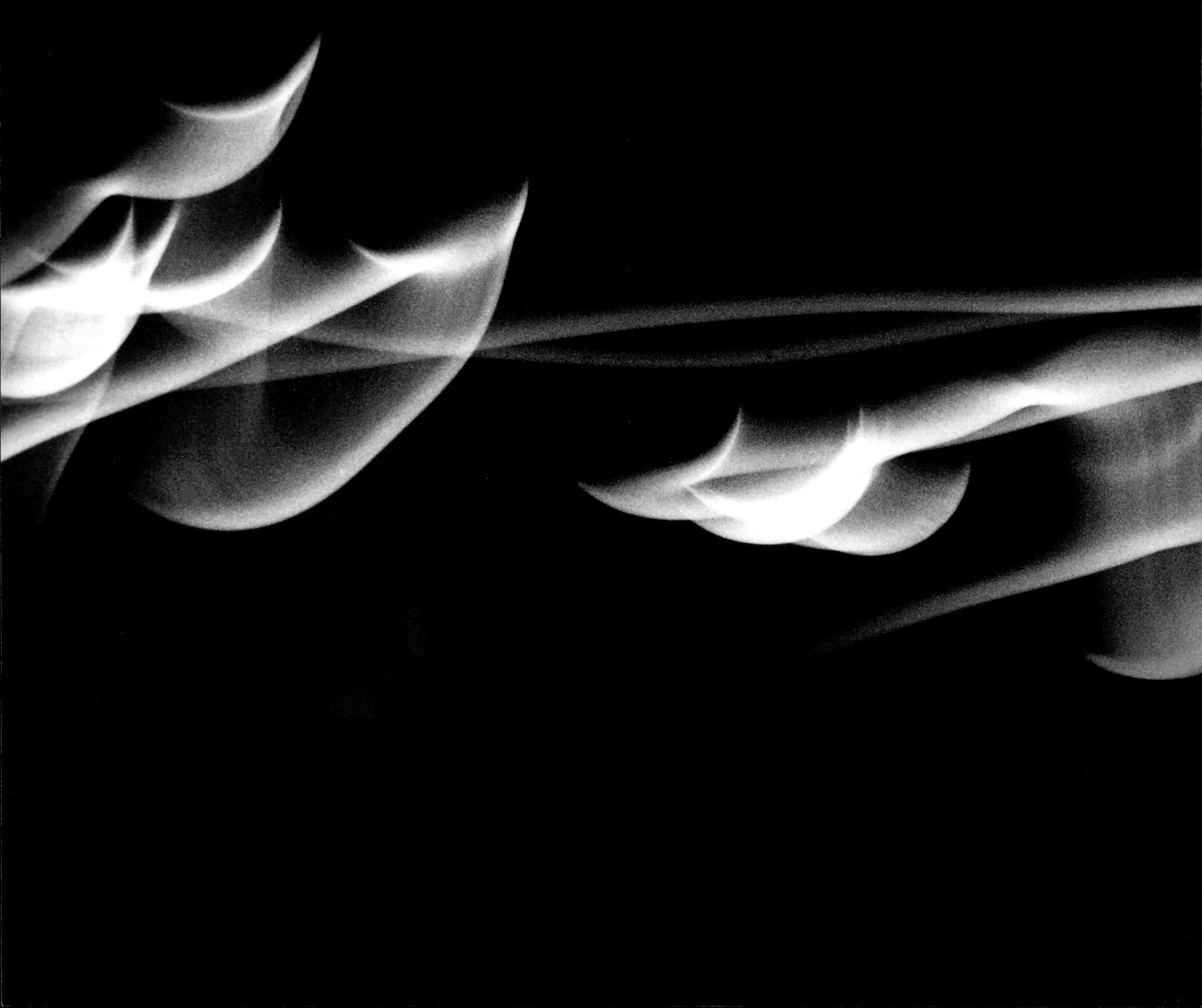

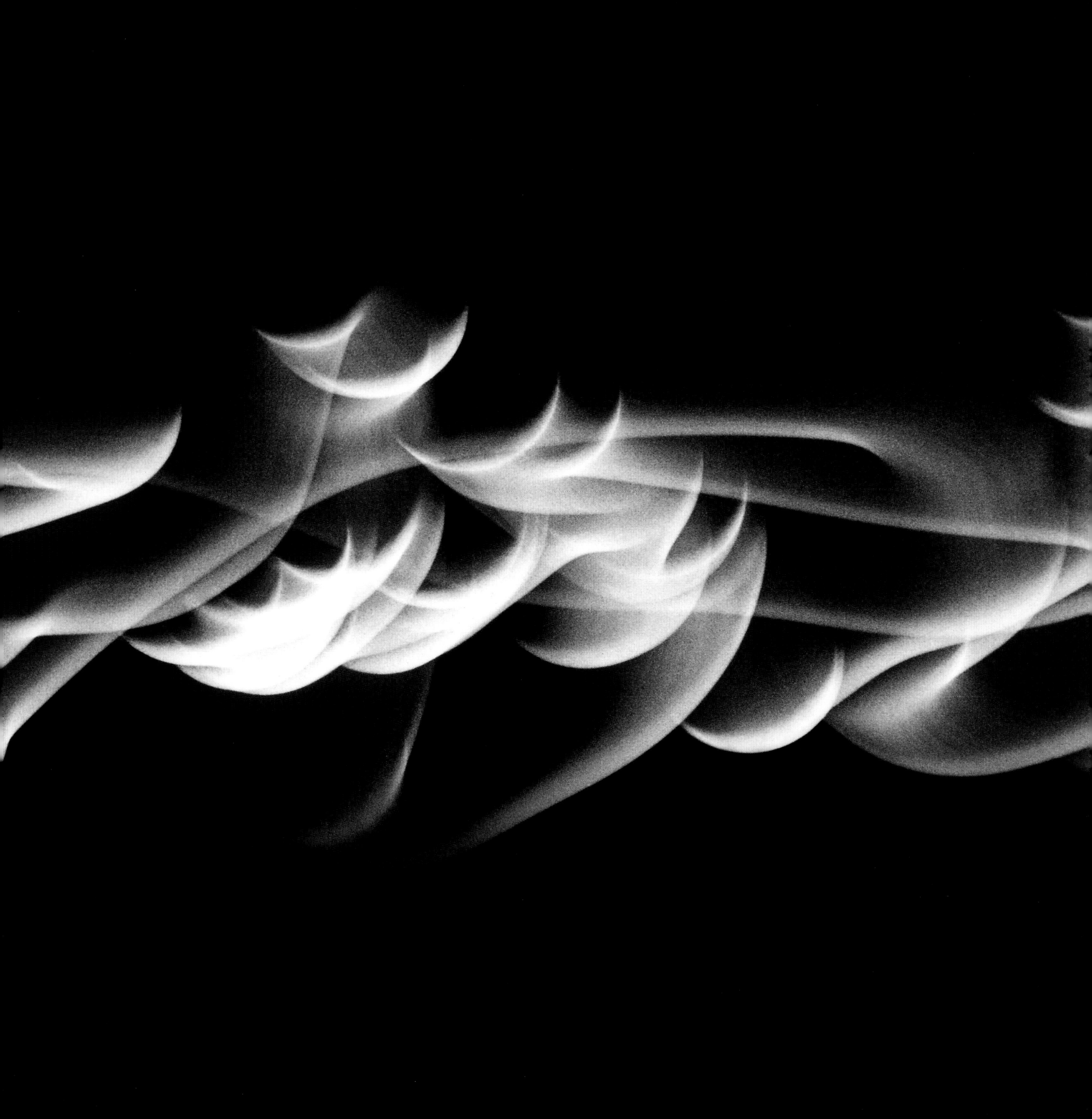

Terra. Quali prevalgono ne' tuoi popoli, i pregi o i difetti?

Luna. I difetti di gran lunga.

Terra. Di quali hai maggior copia, di beni o di mali?

Luna. Di mali senza comparazione.

Terra. E generalmente gli abitatori tuoi sono felici o infelici?

Luna. Tanto infelici, che io non mi scambierei col più fortunato di loro.

U

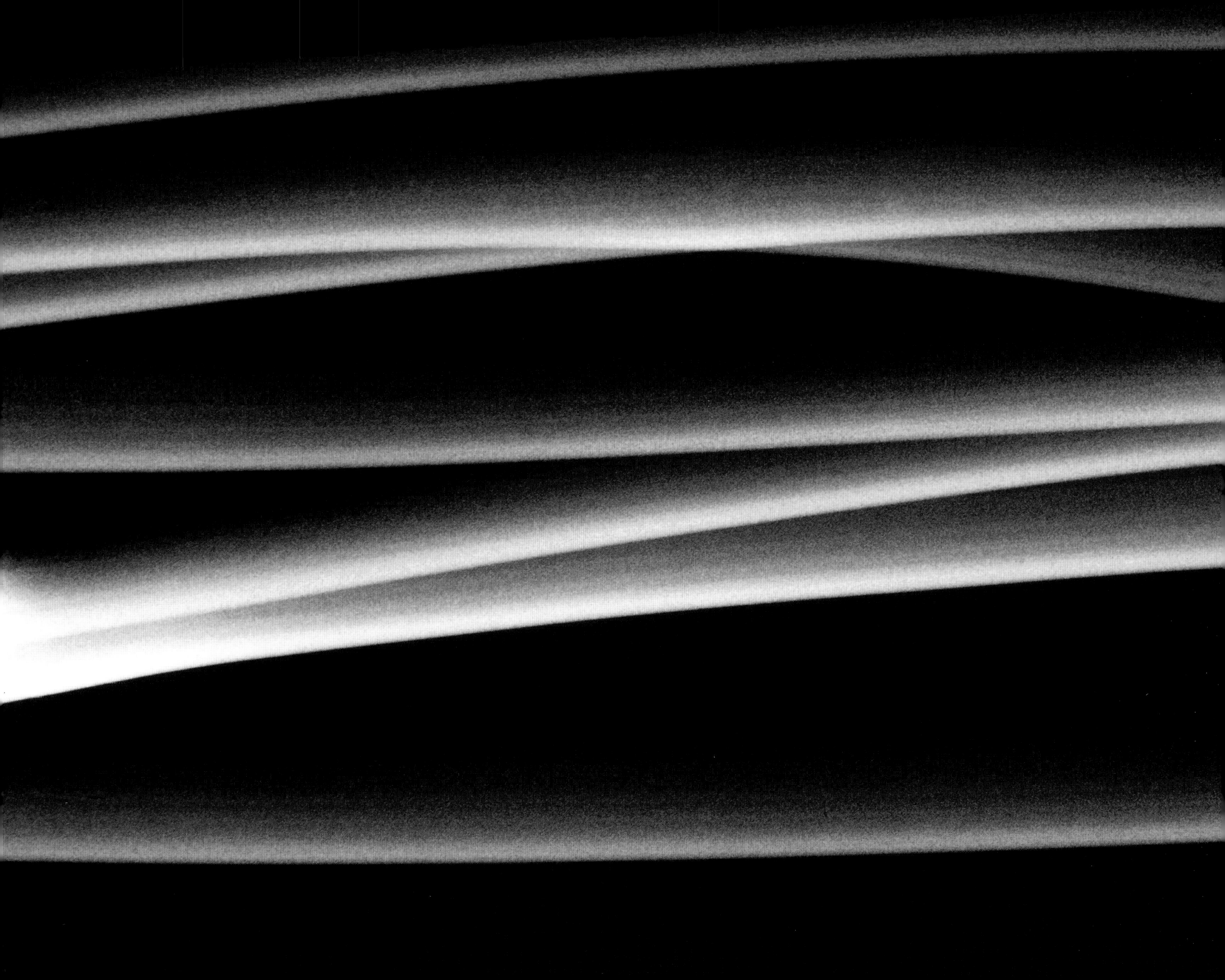

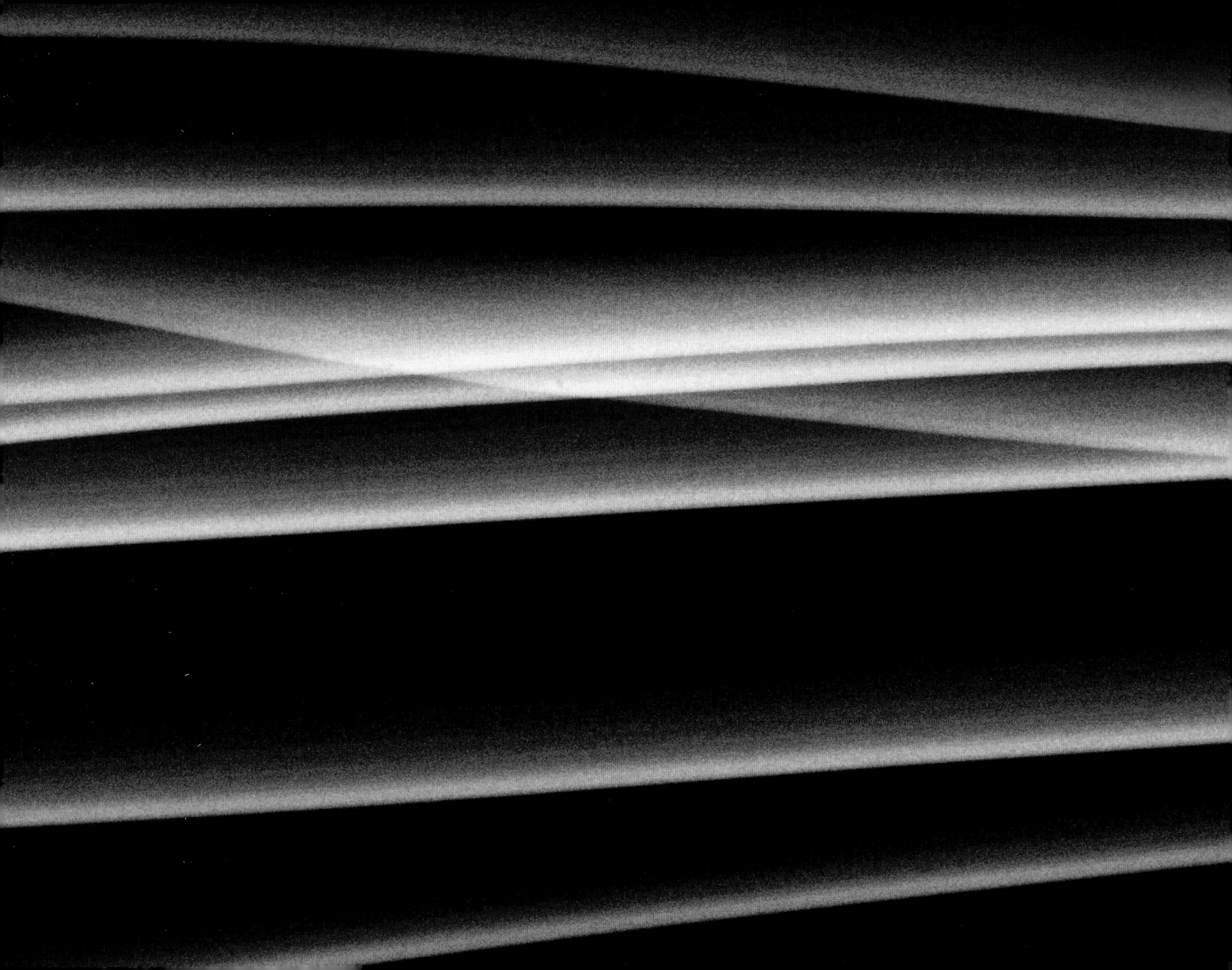

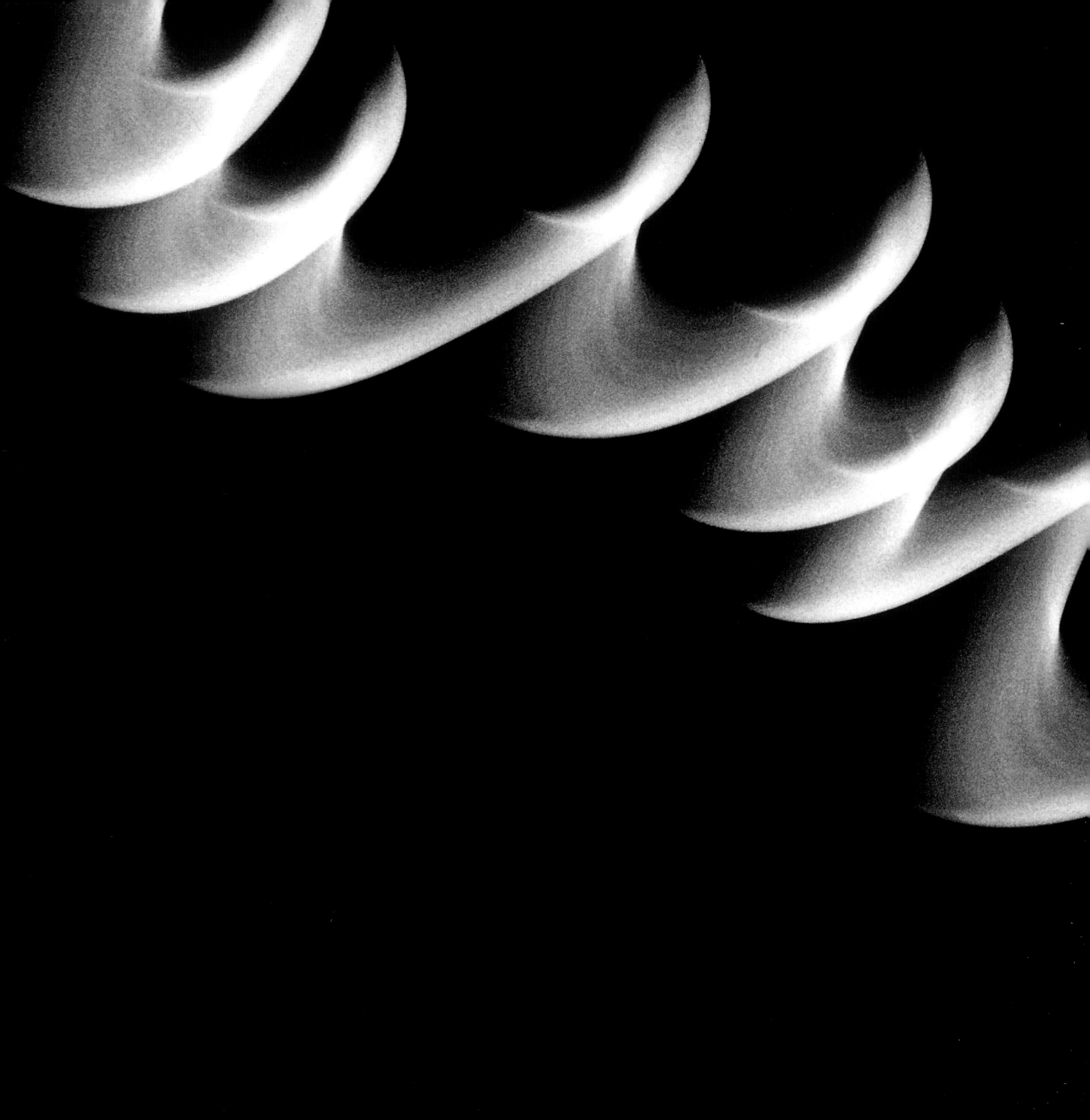

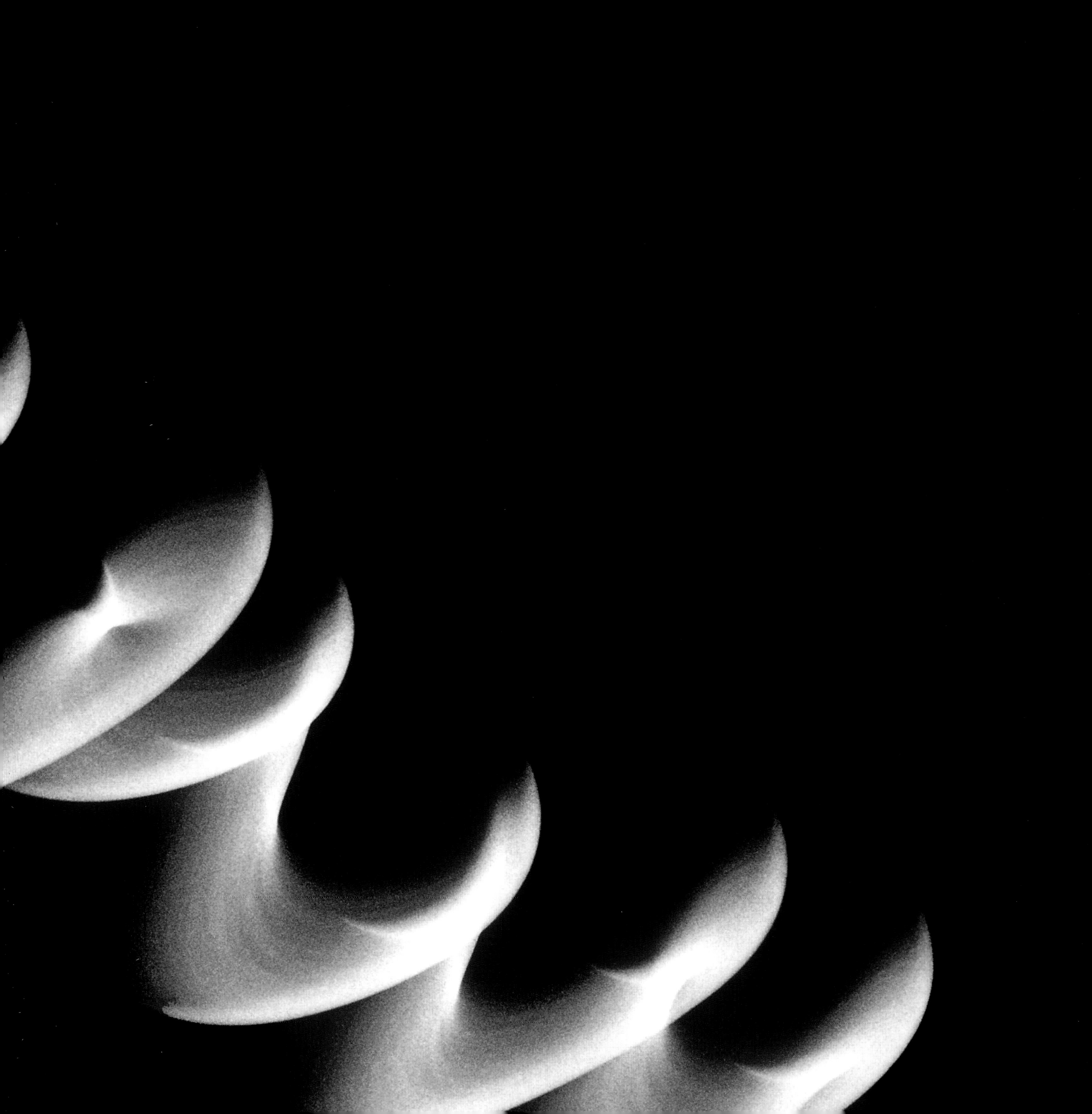

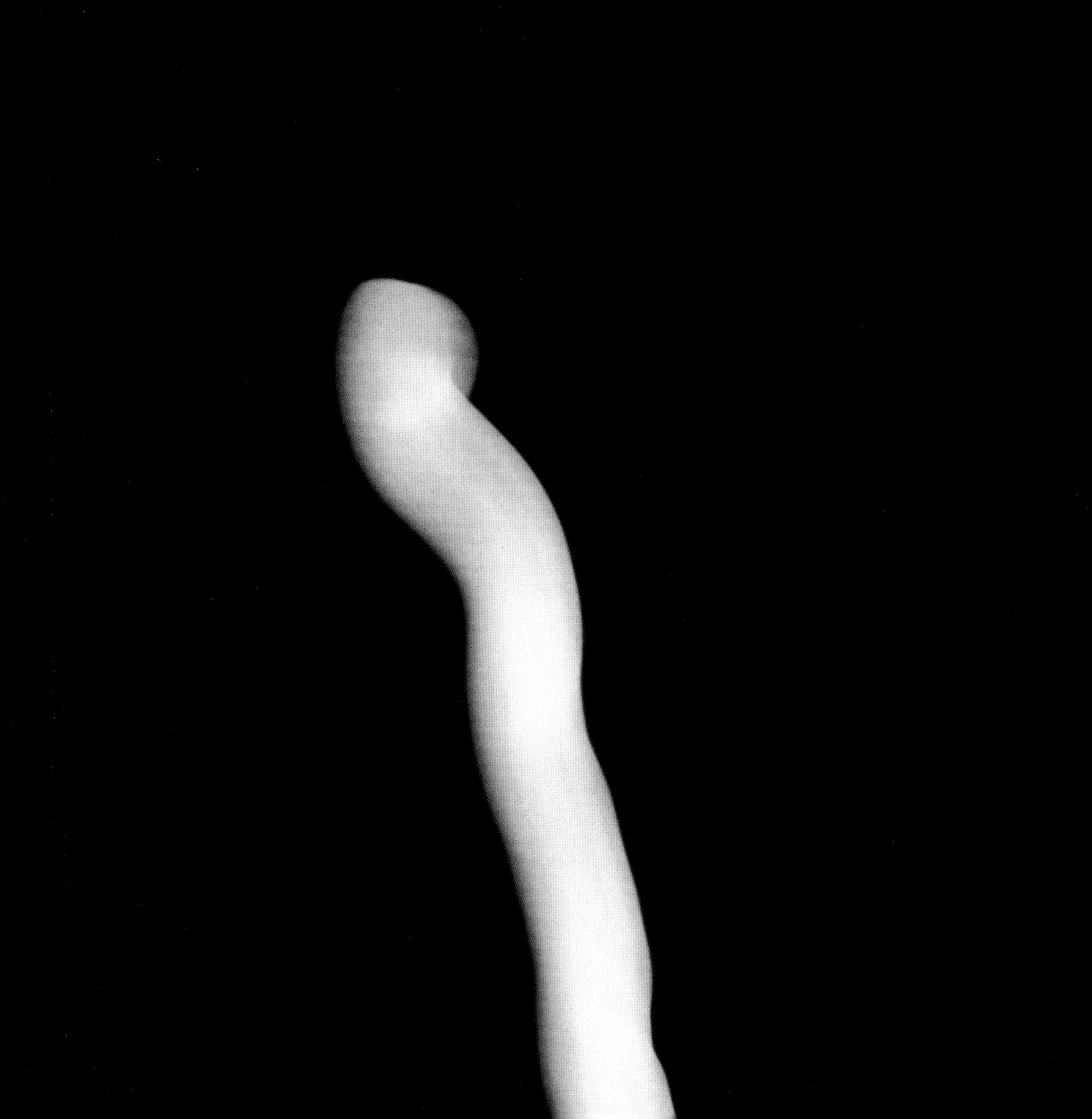

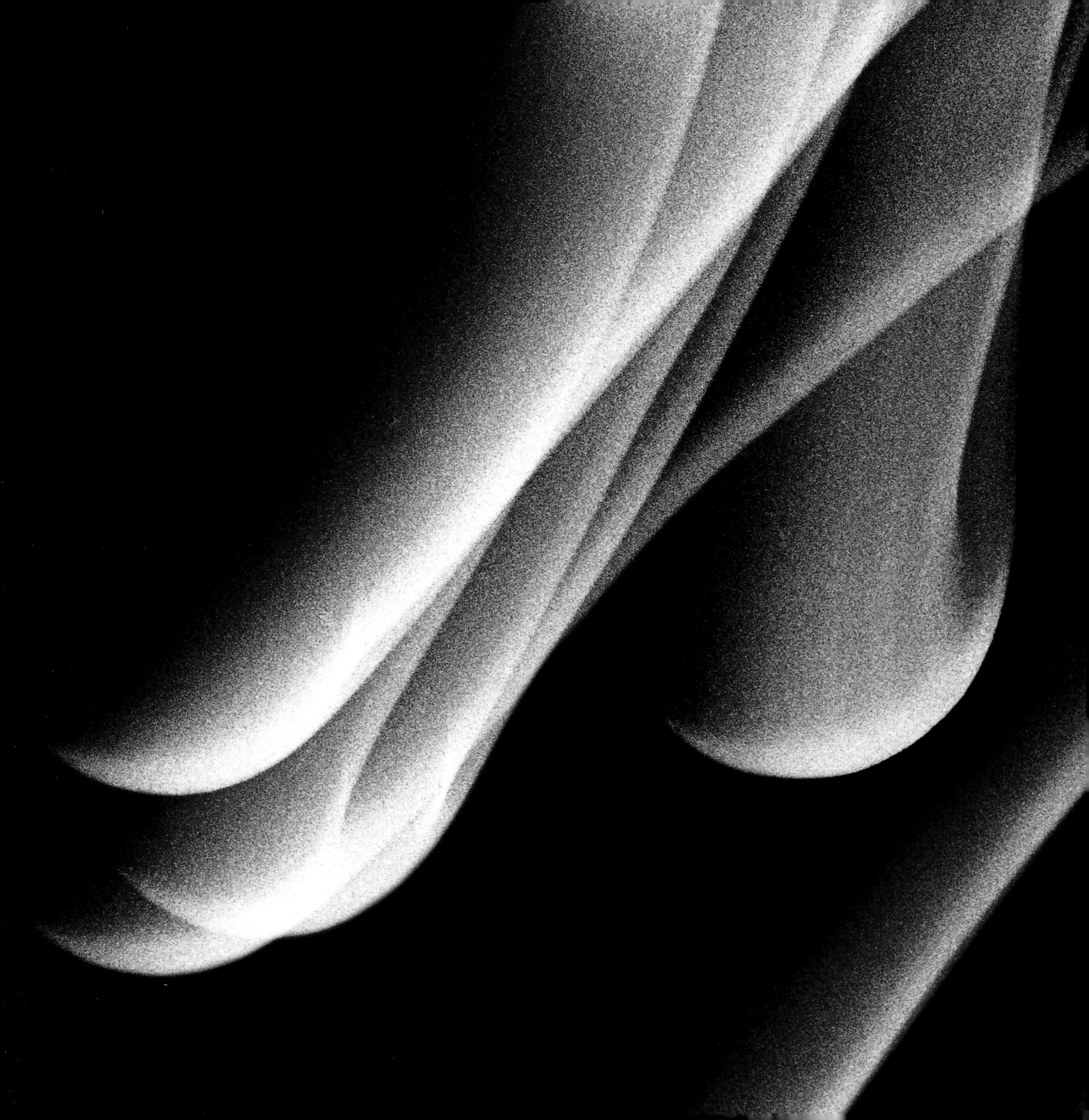

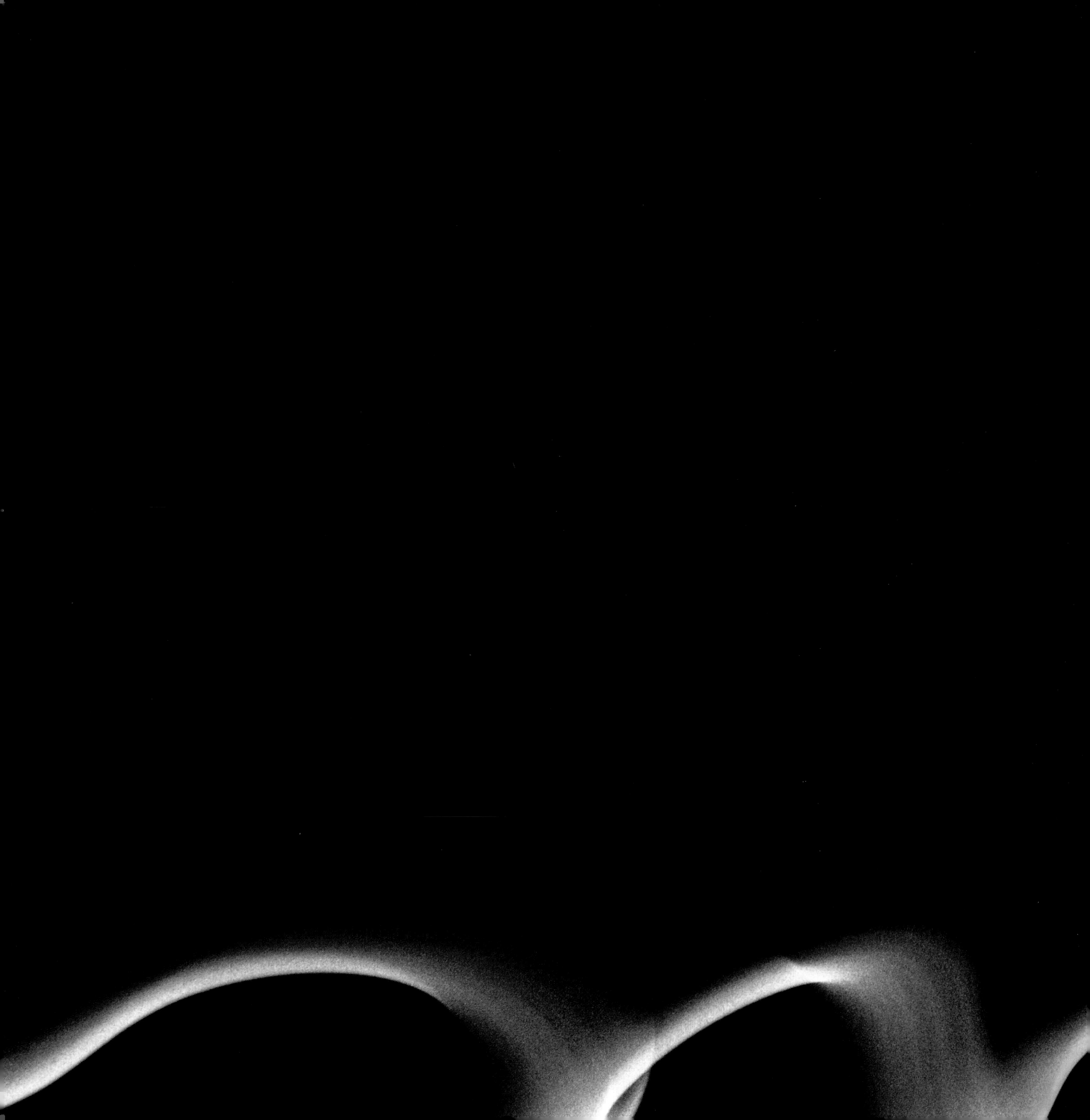

Terra. Il medesimo è qui. Di modo che io mi maraviglio come essendomi sì diversa nelle altre cose, in questa mi sei conforme.

Luna. Anche nella figura, e nell'aggirarmi, e nell'essere illustrata dal sole io ti sono conforme; e non è maggior maraviglia quella che questa: perché il male è cosa comune a tutti i pianeti dell'universo, o almeno di questo mondo solare, come la rotondità e le altre condizioni che ho detto, né più né meno. E se tu potessi levare tanto alto la voce, che fossi udita da Urano o da Saturno, o da qualunque altro pianeta del nostro mondo; e gl'interrogassi se in loro abbia luogo l'infelicità, e se i beni prevagliano o cedano ai mali; ciascuno ti risponderebbe come ho fatto io. Dico questo per aver dimandato delle medesime cose Venere e Mercurio, ai quali pianeti di quando in quando io mi trovo più vicina di te; come anche ne ho chiesto ad alcune comete che mi sono passate dappresso: e tutti mi hanno risposto come ho detto. E penso che il sole medesimo, e ciascuna stella risponderebbero altrettanto.

N

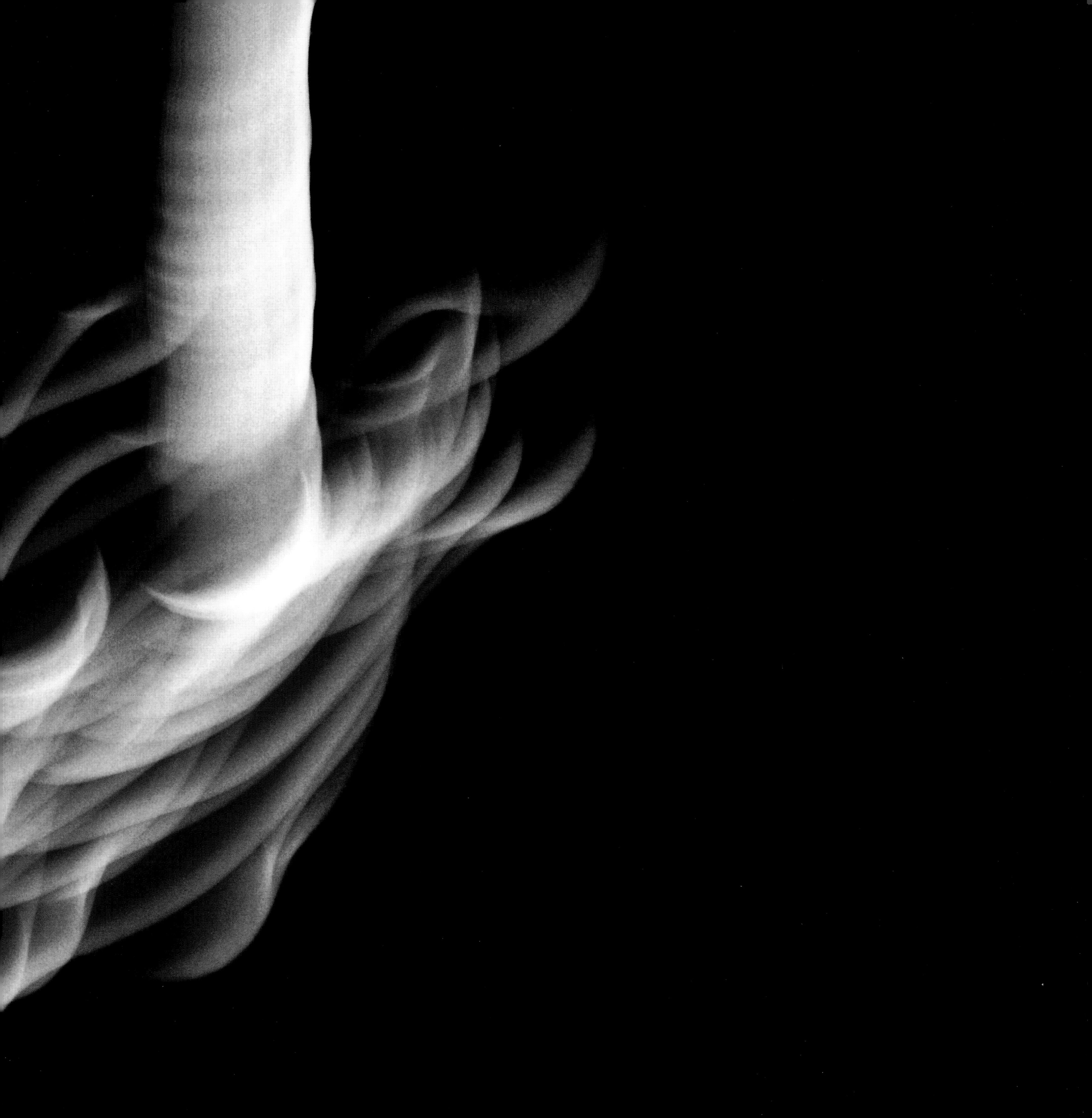

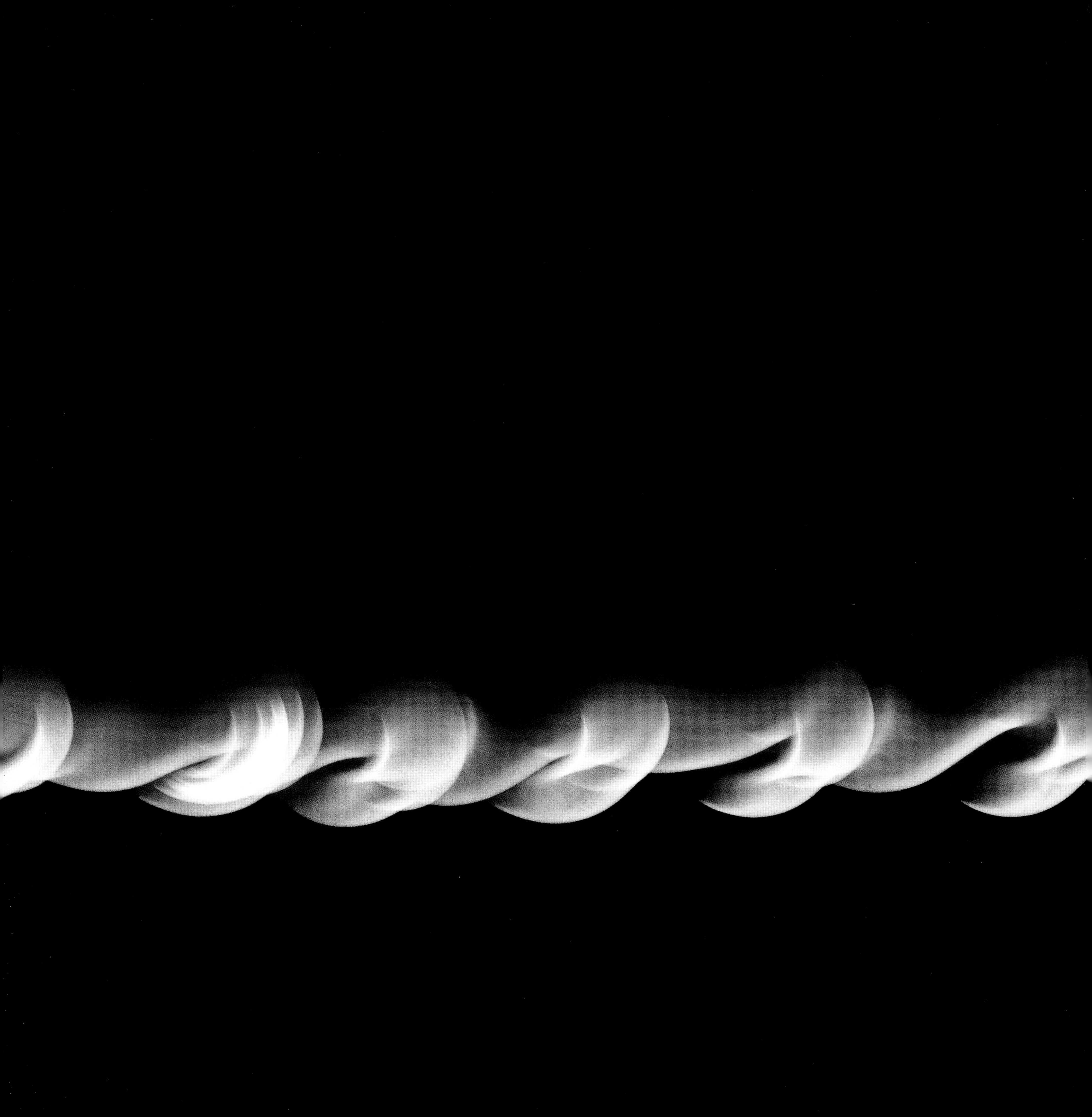

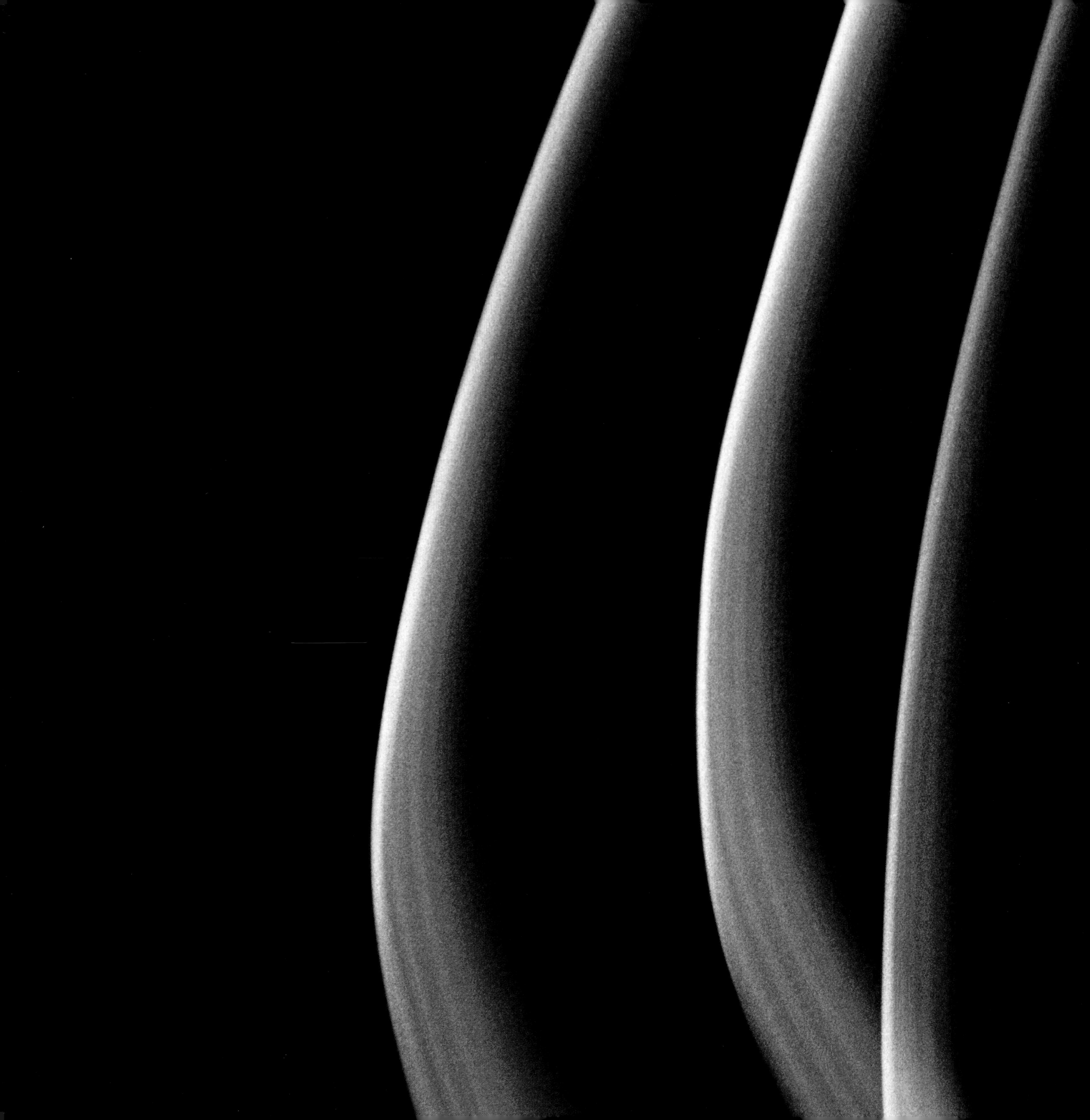

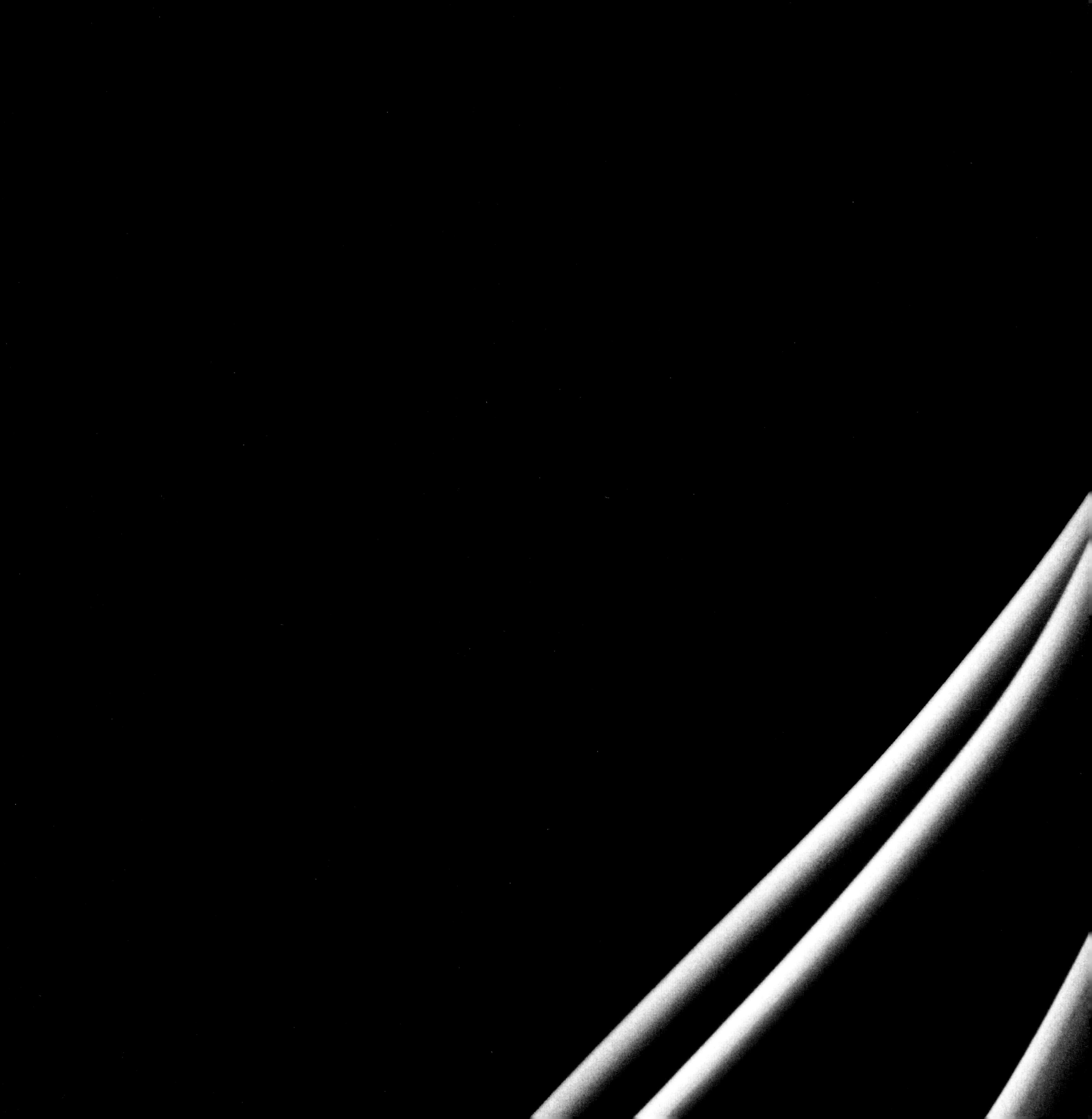

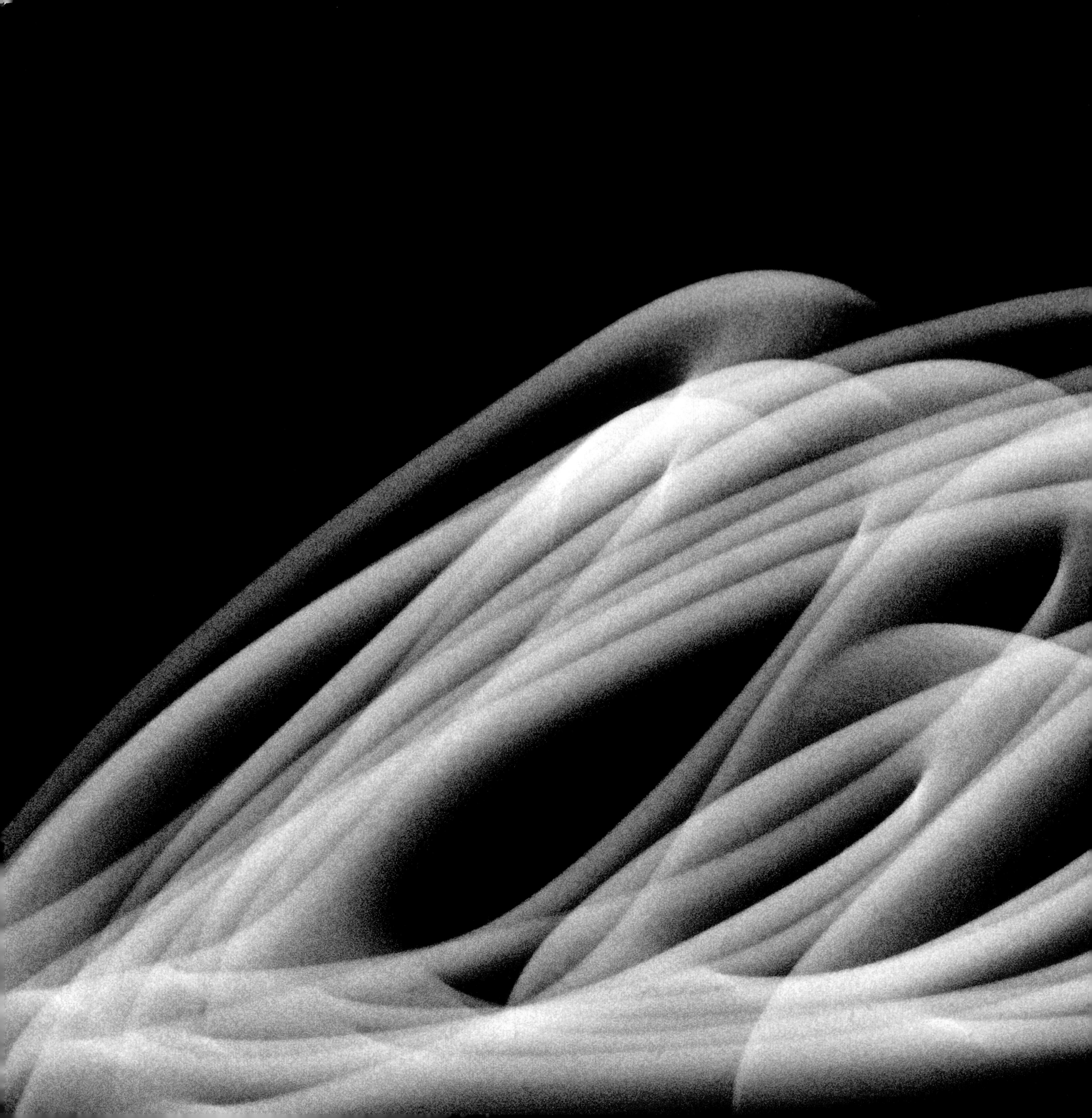

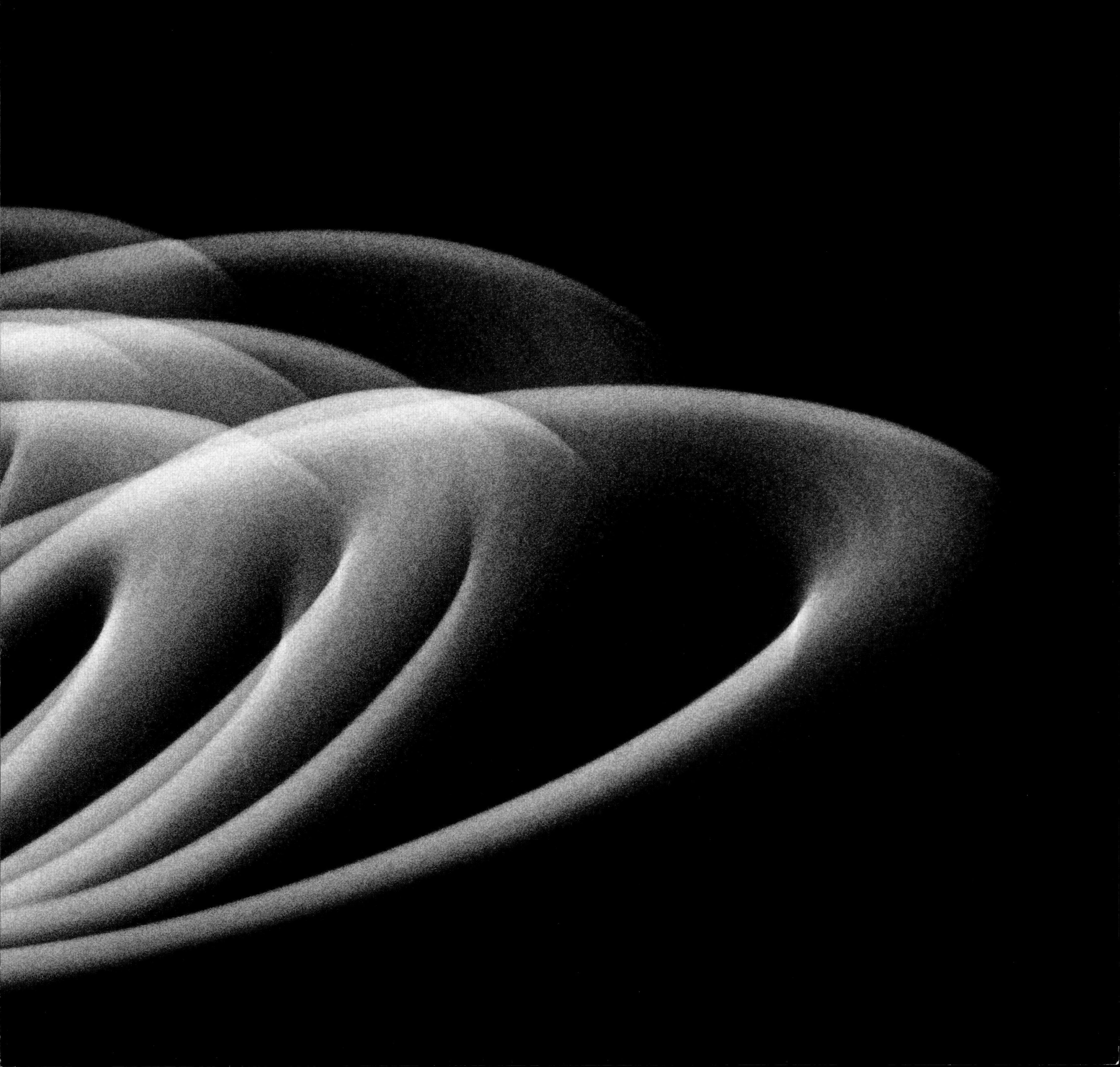

E

Terra. Con tutto cotesto io spero bene: e oggi massimamente, gli uomini mi promettono per l'avvenire molte felicità.

Luna. Spera a tuo senno: e io ti prometto che potrai sperare in eterno.

Terra. Sai che è? questi uomini e queste bestie si mettono a romore: perché dalla parte della quale io ti favello, è notte, come tu vedi, o piuttosto non vedi; sicché tutti dormivano; e allo strepito che noi facciamo parlando, si destano con gran paura.

Luna. Ma qui da questa parte, come tu vedi, è giorno.

Terra. Ora io non voglio essere causa di spaventare la mia gente, e di rompere loro il sonno, che è il maggior bene che abbiano. Però ci riparleremo in altro tempo. Addio dunque; buon giorno.
Luna. Addio; buona notte.

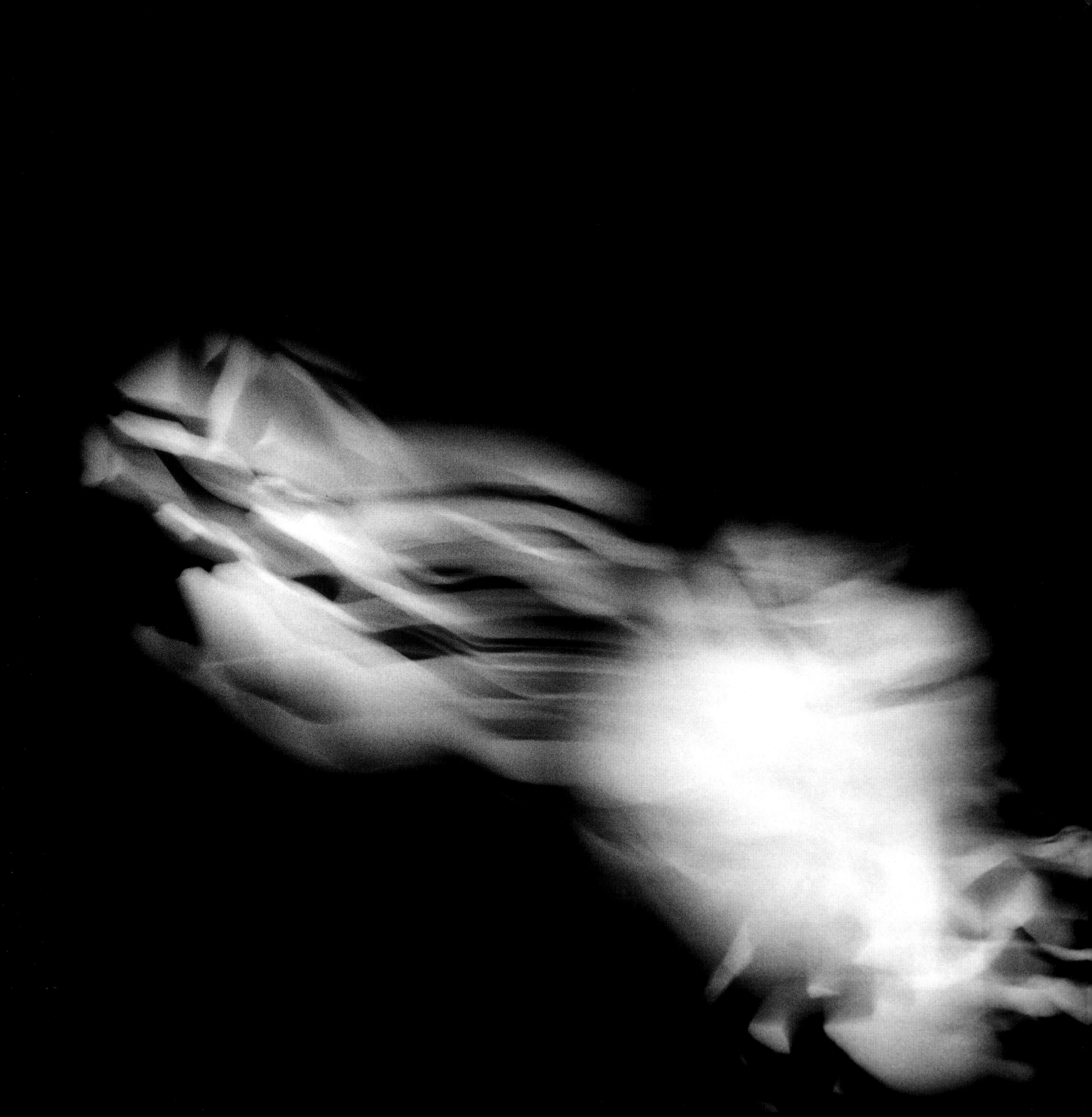

Miti, paradossi e illusioni percettive della Luna
che interrogano il nostro sguardo

Luna deriva dalla radice indoeuropea Leuk - splendere. Così attesta il dizionario etimologico di Manlio Cortellazzo. Le parole luce e Luna rimandano dunque l'una all'altra come in una specie di tautologia. Eppure, primo paradosso, la Luna non ha luce. È buia, e - secondo paradosso - la sua superficie non è bianca ma nera come la lavagna o, nelle regioni più chiare, grigia come il cemento. Ci sembra bianca solo per una sorprendente illusione percettiva.

Nel 1929 lo psicologo della Gestalt, Adhémar Gerb, ideò l'esperimento che spiega l'ingannevole candore della Luna. In una stanza semibuia sospese un disco nero e lo investì con il fascio di luce di un faro nascosto all'occhio dell'osservatore.

In queste condizioni, con la stanza in penombra, il disco nero appariva bianco, e perfino luminoso aumentando la luminosità del faro.

Riflettanza (la capacità di un corpo di riflettere la luce) e luminanza (l'intensità della luce riflessa) sono cose ben diverse: un corpo può apparire bianco quando ha la massima luminanza nel nostro campo visivo, si tratti di un disco nero in una stanza semibuia o della Luna sullo sfondo del cielo notturno.

L'ombra curva della Terra che durante le eclissi totali di Luna avanza sulla superficie del nostro satellite e la inghiotte è ancora inquietante anche per l'uomo moderno perché mette a nudo un insospettato meccanismo della percezione visiva. E svela che anche nel caso della Luna, come in certe relazioni umane, il candore è menzognero.

La luce della Luna che Edoardo Romagnoli ha filtrato sapientemente attraverso l'obiettivo della sua macchina fotografica è dunque luce riflessa. La Luna è per la Terra uno specchio del Sole. Specchio a geometria variabile, dalla falce più esile all'assorta rotondità del plenilunio. Ma c'è, in questo specchio spaziale, un altro fenomeno curioso oltre a quello smascherato da Gerb. Nella fase crescente e calante, la Luna diventa un doppio specchio: la luce che ci rimanda è in parte quella riflessa dalla Terra.

Un ping-pong ricco di significati simbolici che ha dietro di sé una storia interessante.

Tutti l'abbiamo osservato: quando la Luna è una falce, spesso si intravede anche il resto del suo disco. Mentre la falce, per l'abbagliamento dovuto alla sua luminosità, sembra dilatata, il disco ancora in ombra ci appare più piccolo e debolmente rischiarato da un crepuscolo grigio, color cenere. "Luce cinerea", infatti, è il nome del fenomeno.

Pur attenuandosi di sera in sera, questo fioco chiarore dura fino alla vigilia del primo quarto, per poi ricomparire nella fase calante poco dopo l'ultimo quarto. Se si osserva con il telescopio, nella penombra della luce cinerea riusciremo a indovinare il contorno delle "terre" e dei "mari" e alcuni punti più luminosi, come i crateri Aristarchus, Tycho e Kepler.

La luce cinerea altro non è che il "chiaro di Terra", circostanza da non trascurare in vista di future passeggiate romantiche tra i crateri lunari. Le fasi sono infatti reciproche - altro fatto elementare ma non subito intuitivo. Dunque, quando la Luna è prossima al novilunio, rispetto a essa la Terra risulta quasi "piena". Grazie all'atmosfera

e al candore delle nuvole, il nostro pianeta è uno specchio abbastanza efficiente: riflette il 38 per cento della luce che riceve, contro il 7 per cento della Luna. Si può calcolare che la "Terra piena" risulta per un osservatore lunare 80 volte più luminosa della Luna piena. Una piccola percentuale di questa luce viene a sua volta rimandata dalla Luna fino a noi. Ed è appunto quella che chiamiamo luce cinerea. Simmetricamente, un osservatore che si trovasse sulla Luna, quando la Terra appare in falce potrebbe scorgere la parte in ombra della Terra lievemente illuminata dal chiaro di Luna. Questa spiegazione è molto semplice, ma non altrettanto immediata. Fino a pochi secoli fa della luce cinerea si sono date interpretazioni fantasiose: chi affermava che la Luna brillasse anche debolmente di luce propria, chi sosteneva che essa fosse lievemente trasparente (traslucida), e quindi lasciasse filtrare da parte a parte un po' di luce solare; altri ancora supposero che la sua superficie fosse fosforescente o che riflettesse la luce delle stelle. Tycho Brahe, maestro di Keplero e anello di congiunzione tra l'astronomia antica e moderna, addirittura spiegò la luce cinerea come un riflesso dello splendore di Venere (in effetti sulle Ande, dove il cielo è molto buio e l'aria tersa, questo pianeta è abbastanza luminoso da proiettare ombre). A parte alcune felici intuizioni di Regiomontanus e di Maestlin, il primo a capire la vera natura della luce cinerea fu Leonardo da Vinci. Occorre però attendere Galileo per averne una spiegazione circostanziata, prima nel "Sidereus Nuncius" (1610) e poi nel "Dialogo sopra i massimi sistemi del mondo" (1632). L'argomentazione galileiana è così precisa ed elegante che vale la pena di riportarla.
"... se voi diligentemente andrete osservando – Galileo fa dire a Salviati nel Dialogo dei massimi sistemi – vedrete sensatamente che, si come la Luna, quando è sottilmente falcata, pochissimo illumina la Terra, e secondoché in lei vien crescendo la parte illuminata dal Sole, cresce parimente lo splendore a noi, che da quella vienci riflessa; così la Luna mentre è sottilmente falcata e che, per esser tra il Sole e la Terra, scuopre grandissima parte dell'emisfero terreno illuminato; si mostra assai chiara, e discostandosi dal Sole e venendo verso la quadratura, si vede tal lume andar languendo, ed oltre la quadratura si vede assai debile, perché va sempre perdendo della vista della parte luminosa della Terra: e pur dovrebbe accadere il contrario quando tal lume fosse o comunicatole dalle stelle, perché allora la possiamo vedere nella profonda notte e nell'ambiente molto tenebroso".
L'intensità della luce cinerea varia anche in funzione delle regioni terrestri esposte verso la Luna. La maggiore intensità si ha nella fase calante, quando la Luna appare prima dell'alba e la sua parte oscura riceve luce riflessa da una grande massa continentale: Asia, Africa ed Est europeo. La luce cinerea è invece meno spiccata nel cielo serale, dopo la Luna nuova, perché allora sono rivolti a essa gli oceani Pacifico e Atlantico, meno efficienti nel riflettere la luce solare. In proposito, è curioso ricordare che proprio dall'intensità della luce cinerea gli astronomi antichi inferirono l'esistenza di un continente là dove poi fu scoperta l'Australia.

La luce cinerea, secondo le misure di Danjon, è undicimila volte più debole del chiarore della Luna piena. Dalla sua misura si è potuto dedurre, ben prima che arrivassero i satelliti artificiali, il potere riflettente della Terra (albedo), che in media è circa cinque volte maggiore di quello lunare. Quanto al colore, la luce cinerea può acquistare varie sfumature, in parte dovute alla natura delle regioni terrestri che riflettono la luce (oceani o continenti, nuvole, deserti o foreste), in parte determinate dalle condizioni atmosferiche del luogo di osservazione.

In ogni caso, la più vistosa variabilità della Luna è ovviamente quella dovuta alle fasi: falce, ottante, primo quarto, Luna piena, ultimo quarto e così via. Presso le civiltà antiche questo comportamento mutevole, che all'incirca ha la durata di un ciclo mestruale, ha fatto associare al nostro satellite un temperamento femminile, e ha indotto l'idea che esso riassuma in sé i contrasti: la bipolarità essere/non essere, nascita e morte, purezza verginale e sensualità, fedeltà e incostanza, fantasia e razionalità.

Il periodico scomparire e ricomparire della Luna appariva agli antichi come una vicenda di morte e di resurrezione. Ma la Luna risorge perché ha natura divina, mentre l'uomo muore senza risorgere: alla Luna viene quindi fatta risalire l'origine della morte umana che essa rappresenta simbolicamente nel cielo.

Secondo numerosi miti, soprattutto africani, ma rintracciabili anche in Australia, nelle isole Figi e in altre regioni, la condizione originaria dell'umanità sarebbe stata radicalmente modificata in seguito a un messaggio proveniente dalla Luna e portato sulla Terra da un animale, che però per un tragico errore ne capovolge il senso. La natura di questo animale varia a seconda delle culture (una lepre, una lucertola o altro ancora) ma costante è il significato del messaggio e del suo fraintendimento: l'animale avrebbe dovuto annunciare che gli uomini moriranno e risorgeranno ciclicamente come la Luna; annuncia invece che moriranno e non risorgeranno, a differenza della Luna. Da allora gli uomini sono irrimediabilmente condannati alla morte: di qui deriva anche la credenza, diffusa sia in Polinesia sia nell'antica Grecia (Plutarco), che la Luna sia la sede dei defunti.

L'essenza femminile della Luna in molte culture antiche fa collegare il satellite con l'attività sessuale e con il ciclo mestruale, ma ci sono anche culture nelle quali la Luna è bisessuale (Nord e Sud America, Africa, testi orfici) o persino un essere maschile, che però presiede alle mestruazioni (Sud America, Polinesia, Indonesia). Nelle culture agricole primitive, in parte accolte nel folclore europeo, compare anche una valenza "vegetale" della Luna, che le attribuisce poteri sulla crescita delle piante. Questo aspetto si generalizza nelle religioni di civiltà più avanzate facendo della Luna una dea della fecondità: è il caso dell'egizia Hator, della mesopotamica Isthar e della stessa Diana, o Lucina, venerata dai greci nel famoso tempio di Efeso, una delle sette meraviglie del mondo, incendiato da Erostrato nel giorno della nascita di Alessandro il Grande.

Nella tradizione ebraica c'è una donna mitica che sarebbe vissuta prima di Eva e avrebbe lasciato in Adamo uno struggente rimpianto per la sua voluttuosa sensualità. Questo archetipo femminile è Lilith, che contiene la radice "lil", presente nel nome di varie divinità mesopotamiche, e di "layl", che significa notte, e riceveva l'appellativo di "Luna nera", contrapposta a Inanna, la Luna nel suo aspetto benefico. Inanna o Nannar presso i Sumeri era appunto la parola per indicare la Luna e letteralmente significava "pietra del cielo" o anche "corridore bianco".

Ritorna qui la doppiezza lunare, la sua ambiguità. Anche gli antichi egizi contrapponevano Hathor, la Luna piena, rappresentata come una fanciulla bellissima, e Tefnut, la Luna nuova, identificata con un minaccioso leone. Tra i sumeri, nel 3000 avanti Cristo, nella Luna si adoravano Isthar, poi passata tra i siriani con il nome di Astarte, e Sin, che si ritrova tra gli arabi nomadi e in ambiente ebraico: da Sin deriva il nome del monte Sinai, e tracce del culto lunare si trovano nel libro di Geremia (settimo secolo avanti Cristo), dove si condanna come pagana l'usanza ancora viva tra le donne ebraiche di offrire focacce alla "regina del cielo".

Le credenze popolari sugli influssi della Luna nelle attività agricole hanno radici remote, che accomunano sotto la giurisdizione lunare le piogge, la fecondazione del bestiame, le semine, le mestruazioni, l'esito della gestazione. Insomma, la Luna è la Grande Madre della natura. Così in Rhodesia si combatteva la siccità seppellendo una vergine ai piedi di un albero, sacrificio che avrebbe indotto la Luna a promuovere piogge abbondanti. Riti simili si trovano in Australia, in Sudafrica e in Europa: per esempio in Serbia si propiziava la pioggia facendo correre ragazze nude nelle sere di Luna piena.

L'elusiva doppiezza della Luna si può cogliere anche in familiari fenomeni astronomici come il novilunio e il plenilunio.

Ogni 29 giorni e mezzo (circa) abbiamo una "Luna nuova" e una Luna piena. Ciò dipende dalla semplice geometria del moto di rivoluzione della Luna intorno alla Terra rispetto alla sorgente luminosa del Sole: quando Sole, Terra e Luna sono allineate in questo ordine, abbiamo il plenilunio; quando l'allineamento è invece Sole, Luna e Terra, abbiamo il novilunio. Ma poiché l'orbita della Luna è inclinata di 5 gradi rispetto all'orbita della Terra, questi allineamenti risultano perfetti soltanto se avvengono nei punti in cui il piano l'orbita lunare interseca il piano dell'orbita terrestre.

Vedere il novilunio è impossibile perché, quando è "nuova", la Luna si trova tra il Sole e la Terra e ci rivolge il suo emisfero completamente buio. È vero che, come si è visto parlando della luce cinerea, in quella circostanza la Terra rivolge alla Luna un emisfero completamente illuminato, e quindi riflette verso di essa una discreta quantità di luce, che lassù sarà percepita come un "chiaro di Terra", ma poiché il nostro cielo è fortemente rischiarato dal Sole, è del tutto impossibile scorgere l'emisfero lunare che si trova nel cuore della sua notte. A meno che si verifichi una eclisse totale o anulare di Sole. In quel caso, quando vediamo il disco nero della Luna coprire l'intero disco solare o lasciarne scoperto un sottile anello, stiamo davvero osservando la Luna nuova.

Altro pedagogico esempio della elusività della natura.

L'apparenza inganna, e anche l'osservazione del nostro satellite ce lo ricorda. Chi ha visto sorgere la Luna piena avrà notato che essa sembra molto più grande rispetto a quando splende alta nel cielo, lontana dall'orizzonte.
Non è così. A essere pignoli, il diametro apparente del disco lunare è semmai un po' maggiore sei ore dopo che esso si è affacciato all'orizzonte, perché nel frattempo la sfera della Terra ha fatto un quarto di giro su se stessa e quindi ci siamo avvicinati alla Luna di 3000 chilometri.
Perché questa illusione ottica, che non riguarda solo la Luna ma anche il Sole e le costellazioni? Ancora una volta la risposta sta nei meccanismi della percezione. Noi vediamo con gli occhi ma interpretiamo le immagini con il cervello. Da un secolo si dice che la Luna all'orizzonte ci appare più grande perché la paragoniamo implicitamente a piccole cose terrestri che cadono nello stesso campo visivo: alberi, case, campanili. Tant'è vero che isolata la Luna dal contesto dell'orizzonte guardandola attraverso un tubetto o un foglio di carta arrotolato l'impressione di un maggior diametro apparente scompare. In sostanza è così, ma ora lo psicologo Lloyd Kaufman, Università di New York, e suo figlio James, ricercatore dell'IBM, hanno appurato che il cervello tende a sovrastimare la distanza della Luna all'orizzonte nel tentativo di compensare la sua apparente vicinanza prospettica a oggetti terrestri, e nel far ciò, per mantenere sensata la percezione, sovrastima anche il diametro apparente della Luna. Un esperimento al computer fatto dai due Kaufman proiettando un modello della Luna su un paesaggio riflesso in uno specchio ha provato questa tesi. Ma alla fine, l'illusione della Luna all'orizzonte è riconducibile a quella per cui di due segmenti uguali disegnati su un binario ci sembra più lungo il più lontano. Un'illusione ottica scoperta da Mario Ponzo nel 1913. Senza computer.
Torniamo, infine, alle fasi. Se il Sole ha dato alla misura del tempo il giorno, la Luna ha dato, in prima approssimazione, la settimana (il tempo necessario per passare dalla Luna nuova al quarto, dal quarto alla Luna Piena, dalla Luna piena all'ultimo quarto alla Luna Nuova) e il mese (un ciclo intero da novilunio a novilunio). Per l'anno le cose sono più complicate. Dodici mesi lunari corrispondono infatti a circa 256 giorni, mentre l'anno solare è di 365,2422. Anno lunare e anno solare tendono quindi a divergere rapidamente mentre per il calendario sarebbe molto più comodo se andassero d'accordo.
L'organizzazione di un calendario luni-solare comporta una discreta conoscenza dei movimenti apparenti degli astri, e quindi osservazioni regolari. La più antica eclisse di cui si abbia documentazione a Babilonia presso i caldei, con dati precisi sul suo inizio e sulla sua fine, è quella del 19 marzo del 721 avanti Cristo. Questa e altre osservazioni sono ancora preziose per calcolare le moderne teorie del moto lunare: le piccole irregolarità, infatti, diventano sensibili soltanto se si prendono in considerazione osservazioni lontane nel tempo. L'abilità astronomica dei caldei non deve però essere sopravvalutata. Se la previsione delle eclissi di Luna è relativamente facile, ben più problematica è la previsione delle eclissi di Sole.

Anche in questo caso tuttavia l'osservazione regolare dei fenomeni celesti per lunghi periodi di tempo viene in aiuto. Duecentoventitrè lunazioni corrispondono quasi esattamente a 18 anni solari (più esattamente, 18 anni, 11 giorni e 8 ore). Così, ogni 18 anni le eclissi solari si ripetono in condizioni pressoché identiche, seppure non negli stessi luoghi perché c'è una sfasatura di alcune ore. Un Saros racchiude 29 eclissi totali di Luna e 41 eclissi totali di Sole. Per un dato luogo, una eclisse totale o parziale di Sole si ripresenta dopo 6585 giorni. Non c'è da stupirsi che presso gli antichi questi numeri fossero ritenuti magici. In tempi più recenti gli astronomi constatarono che la lieve imperfezione del Saros si compensa nell'arco di tre cicli, cioè di 54 anni. Neppure questo super-ciclo però è esatto. Si può prendere in considerazione un super-super ciclo di 1280 anni, ma troveremo ancora qualche anomalia fastidiosa nel ripetersi delle eclissi. La natura ama la somiglianza ma rifugge dall'identico.

L'astronomo Giovanni Schiaparelli insinuò il dubbio che i caldei potessero realmente avere consapevolezza del Saros. Non c'è dubbio però che questa ampia periodicità fu notata già molto anticamente, se è vero, come tramanda Erodoto, che Talete riuscì a predire l'eclisse di Sole del 585 avanti Cristo. Le idee cosmologiche e le conoscenze matematiche di Talete non erano tali da permettere un'impresa del genere: evidentemente qualche notizia del Saros doveva essergli giunta dalla Mesopotamia o dall'Egitto.

Vale la pena di notare che il Saros corrisponde all'incirca a una generazione umana e che la vita umana in media si colloca intorno a poco più di quattro Saros. Imperfettamente, con eccezioni per fortuna imprevedibili sia verso la brevità sia verso l'allungamento. Anche così, in qualche modo misterioso, la Luna sembra scandire la nostra esistenza.

Piero Bianucci
Torino, febbraio 2009

Un sentito ringraziamento va
alle persone che hanno contribuito
in modo determinante alla
realizzazione di quest'opera:
Flavia Confalonieri, Silvio Rossi,
Madeleine Hofmann, Marina Forlizzi.
Vorrei ringraziare anche
Lanfranco Colombo, Roberto Mutti,
John Goodman, Jim Goldberg
per avermi sostenuto e per avermi
regalato parte del loro sapere, e
Silvia, che ha sempre pensato che
il menabò di Giulio Confalonieri un
giorno sarebbe diventato un libro.

Springer-Verlag Italia S.r.l.
Via Decembrio 28
I-20137 Milano
Springer fa parte di
Springer Science+Business Media
www.springer.com

Stampa
Unigrafica, Gorgonzola, Milano

Fotolito
Fotolito Farini, Milano

Stampa fotografica
Laboratorio De Stefanis, Milano

Stampato in Italia
nel mese di maggio 2009

ISBN: 978-88-470-1352-0
e-ISBN 978-88-470-1353-7
DOI 10.1007/978-88-470-1353-7

Questo volume è stato stampato
in numero di 600 esemplari